人力资源和社会保障部职业技能鉴定

家用电子产品维修工

（高级）

国家职业技能鉴定 考核指导

人力资源和社会保障部职业技能鉴定中心　编写

中国石油大学出版社
CHINA UNIVERSITY OF PETROLEUM PRESS

图书在版编目（CIP）数据

家用电子产品维修工（高级）国家职业技能鉴定考核
指导/人力资源和社会保障部职业技能鉴定中心编写
. 一东营：中国石油大学出版社，2015.4
　ISBN978-7-5636-4278-6

Ⅰ.①家…　Ⅱ.①人…　Ⅲ.①日用电气器具－维修－
职业技能－鉴定－自学参考资料　Ⅳ.① TM925.07

中国版本图书馆 CIP 数据核字（2014）第 056350 号

书　　　名：家用电子产品维修工（高级）国家职业技能鉴定考核指导
作　　　者：人力资源和社会保障部职业技能鉴定中心

责任编辑：韩　斌（电话 0532－86983559）

出 版 者：中国石油大学出版社（山东 东营　邮编 257061）
网　　址：http://www.uppbook.com.cn
电子信箱：zaijianhonghu@126.com
印 刷 者：沂南县汶凤印刷有限公司
发 行 者：中国石油大学出版社（电话 0532－86983584，86983437）
开　　本：185 mm × 260 mm　印张：11.5　字数：290 千字
版　　次：2015 年 4 月第 1 版第 1 次印刷
定　　价：23.00 元

家用电子产品维修工（高级）
国家职业技能鉴定考核指导

主　　　任	刘　康
副　主　任	原淑炜　艾一平　袁　芳　夏鲁青
委　　　员	（按姓氏笔画排序）
	王　鹏　李　军　陈　蕾　欧育民　姚春生
	柴　勇　葛恒双
顾　　　问	张亚男
丛书主编	艾一平
丛书副主编	姚春生

执行主编	李莺歌
执行副主编	赵文仓　杜东兴　刘中冬
编　　　者	（按姓氏笔画排序）
	丁文花　马新芳　王明甲　卢　捷　田　君
	包　春　刘　阳　刘进志　刘春霞　孙绍华
	李　杨　李　明　张金刚　陈　爽　周春丽
	柴楚乔　韩雪冰　薛晓宇
主　　　审	袁有杰
审　　　稿	郑守杰

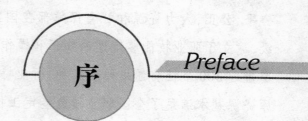

序　　Preface

　　推进职业教育改革和发展,是实施科教兴国、人才强国战略,促进经济社会可持续发展和提高我国国际竞争力的重要途径;是加快人力资源开发、全面提升劳动者素质和发展先进生产力的必然要求;是增强劳动者就业能力、创业能力和促进素质就业的重要举措。在推进职业教育改革和发展的过程中,职业教育课程体系改革具有重要作用。传统的职业教育课程受到以理论知识为中心的教育体系的严重影响,忽略了职业活动实际操作过程和技能要求,导致劳动者在就业过程中不能学以致用,也使用人单位难以在现行教育体系中直接选用合格的技能人才。针对这些问题,人力资源和社会保障部经过多年的系统研究,并对国内外职业培训实践进行深入总结,确立了职业教育培训与企业生产和促进就业紧密联系的技能人才培养体系,划清了学科教育和职业教育的界限,提出了职业教育培训不是以学科体系为核心的教育模式,而是以生产活动的规律为指导、以岗位需求为导向、以服务就业为宗旨的技能人才培养发展路线,从而为我国的技能人才振兴发展提供了有力保障。

　　坚持"以职业活动为导向,以职业能力为核心"的指导原则,不仅要厘清职业教育与学科性教育在技术和方法上的区别,而且要在职业教育和职业训练中把生产实践活动的规律具体化,把职业活动各个环节标准化,把职业技能鉴定的技术科学化和规范化,以实现"从工作中来,到工作中去",坚持"在工作中学习,在学习中工作",形成以学校与用人单位携手联合,理论课程与实训项目紧密结合为基础的工学一体化的教学体系和评价体系。充分体现职业技能鉴定以学员为主体,突出以职业活动为导向的基本原则。

为服务职业培训和技能人才评价工作，保证国家职业技能鉴定考核的科学、公平、公正，人力资源和社会保障部在国家职业技能标准框架下，分职业工种和等级，建立了职业技能鉴定理论知识和操作技能国家题库。目前，国家题库资源已经覆盖近300个社会通用职业工种，行业特有职业工种题库也达到280余个，这些题库资源基本满足了全国职业技能鉴定工作的需要。人力资源和社会保障部中国就业培训技术指导中心（职业技能鉴定中心）作为全国技能人才评价工作的技术支持机构，在职业技能标准开发、职业培训课程建设等方面发挥了重要作用。

国家职业技能鉴定考核指导丛书，依据国家职业技能标准和国家题库，主要介绍国家题库的命题思路，展现国家职业技能鉴定的考核形式和题型题量，帮助考生熟悉鉴定命题基本内容和考核要求，提高学校、培训机构辅导和学员学习、复习的针对性。

我们期待该丛书的出版，能够推进职业教育课程改革，能够更好地服务于技能人才培养、服务于就业工作大局，为我国的技能振兴和发展做出贡献。

人力资源和社会保障部职业技能鉴定中心

主任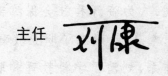

目 录　Contents

第一部分　理论知识

第二部分　操作技能

理论知识

第一章　考情观察

考核思路

根据《家用电子产品维修工国家职业技能标准》的要求,高级家用电子产品维修工理论知识考核范围包括:多制式、多功能数字化电视机的整机构成及结构特点,总线控制(I^2C)方式的电路结构和工作原理,多制式接收电路的结构和工作原理,多制式解码电路的结构和工作原理,数字化扫描电路的结构特点和工作原理,电源电路及工作原理;数字化电视机的软件调整要点,电脑串并口的相关知识;激光视盘机的整机构成,各单元电路的功能,激光头组件的结构和光盘信息的读取原理,数字信号处理电路的结构及信号流程,伺服系统的构成及工作原理,系统控制电路的构成及工作原理,A/V解码电路、D/A变换器的结构和工作原理,电源电路的结构和工作原理;激光视盘机的调试要点,激光视盘机的装载、进给等系统的工作原理;数字机顶盒的整机构成,数字机顶盒各单元电路的功能,数字机顶盒的信号流程;数字机顶盒程序调整要点,数字机顶盒智能卡与接口电路相关知识;职业教育基础知识,理论知识讲授的基本方法;技能操作传授的基本知识。

考核深度要求掌握多功能数字化电视机的整机构成、结构特点,掌握电源电路、扫描电路、接收电路、解码电路、整流电路和图像伴音电路的基本结构和工作原理,掌握多功能数字化电视机的常见故障现象、分析定位和检修方法;熟悉数字化电视机进行软件升级的处置方法,了解数字化电视机进行软件升级失败的处理方法;掌握激光视盘机的整机构成,伺服系统、信号处理系统、控制系统、电源电路的工作原理与故障检修方法;了解有线电视干线传输的基础知识;掌握数字机顶盒解码电路、信号处理电路、电源电路的基本工作原理与故障分析定位和维修方法,了解数字机顶盒程序调整相关知识;掌握家用电子产品维修的基础理论知识和职业教育的基础知识,熟悉初中级讲义编写方法。

同时,高级考核要求还涵盖中级和初级的内容,包括职业道德、基础知识、电子电路基础知识;收音机、盒式磁带录音机、组合音响、录像机及黑白电视机、彩色电视机的故障分析、诊断、排除和调试的相关知识。

组卷方式

理论知识国家题库采用计算机自动生成试卷,即计算机按照本职业等级的《理论知识鉴定要素细目表》的结构特征,使用统一的组卷模型,从题库中随机抽取相应试题,组成试卷。有的省市和地区还有地方特色题库,可以按规定比例和国家题库一起组卷。试卷组成后,应经专家审核,更换不适用的试题。

试卷结构

理论知识考试实行百分制,采用闭卷笔试方式,成绩达到 60 分及以上为合格。试卷的结构以职业技能鉴定中心颁发的《家用电子产品维修工国家职业技能标准》和《中华人民共和国职业技能鉴定规范》为依据,并充分考虑到当前我国的社会生产力发展水平和家用电子产品维修工作对从业者在知识能力和心理素质等多方面的要求。试题以中等难度为主,约占总题量的 70%;难度低的试题约占 20%;难度高的试题约占 10%。

基本结构:理论知识考试满分为 100 分。题型主要有单项选择题、多项选择题及判断题等。其具体的题型、题量及配分方案见表 1-1-1。内容包括"职业道德"、"基础知识"、"维修电视机"等 6 部分,各部分所占鉴定比重和鉴定点配置情况可参见表 1-1-2。

表 1-1-1　家用电子产品维修工(高级)理论知识试卷题型、题量及配分方案

题　型	试题数量/(配分)	分　数
单项选择题	160 题(0.5 分/题)	80 分
多项选择题	10 题(1 分/题)	10 分
判断题	20 题(0.5 分/题)	10 分
总　分	100 分(190 题)	

表 1-1-2　家用电子产品维修工(高级)理论知识各部分所占鉴定比重及鉴定点配置情况

鉴定范围(一级)	鉴定范围(二级)	鉴定范围(三级)	鉴定比重/%	鉴定点数量
基本要求	职业道德	职业道德基本知识	3	6
		职业守则	2	5
	基础知识	直流电路	1	4
		模拟电子电路	7	26
		电路的焊接	1	4
		安全操作规程与相关法律法规知识	1	5
专业知识	维修电视机	故障分析、诊断和排除	33	76
		调试	7	13
	维修激光视盘机	故障分析、诊断和排除	22	57
		调试	3	7
	维修数字机顶盒	故障分析、诊断和排除	13	34
		调试	2	6

鉴定范围(一级)	鉴定范围(二级)	鉴定范围(三级)	鉴定比重/%	鉴定点数量
专业知识	培训指导	理论培训	3	6
		操作指导	2	4
合 计			100	253

考核时间与要求

（1）考核时间。按《家用电子产品维修工国家职业技能标准》的要求,本职业高级理论知识考试时间为 120 min。

（2）考核要求。

① 采用试卷答题时,作答选择题应按照要求在题内的括号中填写正确选项的字母,作答判断题应根据对试题的分析判断,在试题前面的括号中画"√"或"×"。

② 采用答题卡答题时,按要求直接在答题卡上选择相应的答案处涂色即可。

③ 采用计算机考试时,按要求点击选定的答案即可。

④ 具体的答题要求,在考试前考评人员会做详细说明。

应试技巧及复习方法

考生要取得理想的成绩,通过认真的学习和复习来掌握考试要求的知识是必要条件,但是掌握适当的应试技巧也是必不可少的。下面介绍的应试技巧,如命题视角、答题要求和答题技巧等,考生在复习、考试时也要高度重视。

在应试过程中,应合理安排答题时间,高级家用电子产品维修工理论考试时间为 120 min,单项选择题答题时间宜控制在 90 min 内,多项选择题答题时间宜控制在 10 min 内,判断题答题时间宜控制在 10 min 内,最后 10 min 为检查时间。

要按照先易后难的原则依次答题,对个别一时不能解答的难题可先跳过,待整套试卷做完检查时再行考虑作答。千万不要为一道难题钻牛角尖,浪费过多的时间。对于选择题而言,大部分题目难度不是很大,单选题一般有 4 个备选项(多项选择题为 5 个),其中只有 1 个选项(多项选择题至少有 2 个)是正确的,需将正确选项的代号填入括号内。选择答案时应注意:

（1）如果有把握确定正确答案,可以直接挑选。

（2）如果无法确定正确答案,可以采用排除法(将没有见过的选项、不合常理的选项以及说法相同的选项排除)。

（3）如果遇到不熟悉考点的题目,要仔细阅读题干,找出关键点,进行合理的猜测,也可以联系相关知识或者结合现实来猜测。

（4）即使对某道题一无所知,选择题也不能空着,可以猜测一个选项。

（5）对于一些计算性质的题目就需要从题目要求入手,寻找相关资料。

（6）有些题目比较抽象,可以将抽象问题具体化。

判断题通常不是以问题的形式出现,而是以陈述句形式出现,要求应试者判断一项事实的准确性,或判断两个或两个以上的事实、事件和概念之间关系的正确性。判断题中常常含有绝对概念或相对概念的词。表示绝对概念的词有"总是"、"一律"等，表示相对概念的词有"通常"、"一般来说"、"多数情况下"等。了解这一点，将为您确定正确答案提供帮助。

回答判断题时，要将判断结果填入括号中，对的画"√"，错的画"×"。选择答案时应注意：

（1）命题中含有绝对概念的词，这道题很可能是错的。统计表明，大部分带有绝对概念的词的问题，"√"的可能性小于"×"的可能性。当您对含有绝对概念的词的问题没有把握做出判断时，想一想是否有什么理由来证明它是正确的，如果找不出任何理由，"×"就是最佳的选择答案。

（2）命题中如含有相对概念的词，那么这道题很可能是对的。

（3）只要命题中有一处错误，该命题就全错。

（4）酌情猜测。实在无法确定答案的，在有时间的情况下，多审几次题，尽可能把猜测的结果填上，说不定会有意外的收获。

考生要想取得理想的成绩，掌握好的学习和复习方法也很重要：

（1）系统地甚至可以粗略地把教材过一遍。通读完教材后，接下来的任务是精研细读，循序渐进，一步一个脚印，不放过任何一个环节，并认真做好笔记。对每个鉴定点的内容，哪些问题应该掌握，哪些内容只作为一般了解，哪些要点要熟练精通，通过复习后也就一目了然了。例如，理论知识部分在每个单元中都有考核要点，考核要素表中列举了考核类型、考核范围、考核点、重要程度。复习时，对于一颗星的内容，作一般性了解即可；对于两颗星的内容，应达到熟悉；对于三颗星的内容，则必须全面掌握。

（2）多做练习，熟能生巧。每个单元后面都配有大量的练习题，这些题是根据鉴定点精选出来的，每个鉴定点基本上安排了3～4道练习题。通过做练习，可以加深记忆。在做练习时，应先自己做完一遍，再对照参考答案，对做错的题目，要多进行反思、总结。

（3）听课辅导是必不可少的，但在听课之前，自己应当先自学一遍，做到带着问题听课，课后再花时间消化理解，效果就会大不一样。另外，辅导老师讲课只能作重点辅导，帮助学员理解，而不可能逐条逐项细读慢讲。在老师的指导下，学员只有自己去精读钻研，才能加深理解，牢固掌握应考知识。这就是所谓的突出重点，兼顾一般。

（4）用心复习，不要被动，要主动。

（5）尽量不要临时抱佛脚，平时应多学、多记、多练。

第二章 知识架构

根据《家用电子产品维修工国家职业技能标准》(高级)和本等级《理论知识鉴定要素细目表》,从便于学习和掌握角度出发,将本等级知识模块化,划分为 6 个单元,根据单元知识点搭建知识网络架构图如下图所示:

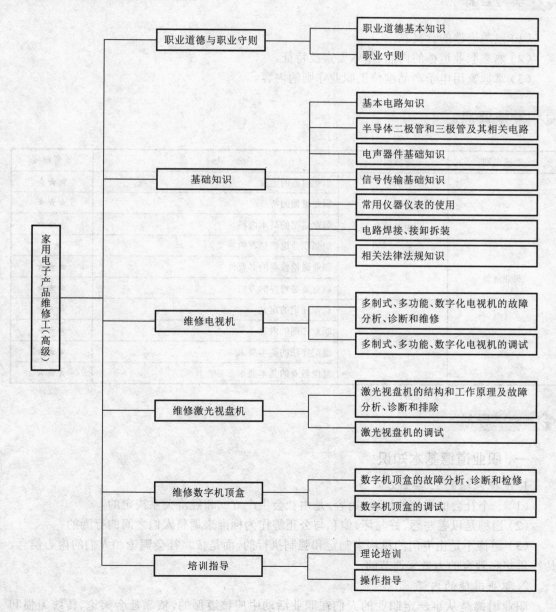

第三章 考核解析

第一单元 职业道德与职业守则

➡ 学习目标

（1）熟悉道德的含义。
（2）熟悉职业道德的内涵、基本要素及特征。
（3）掌握家用电子产品维修工职业守则的内容。

➡ 考核要点

考核类别	考核范围	考 核 点	重要程度
职业道德	职业道德基本知识	职业道德的定义	★★★
		职业道德的特点	★★★
		职业道德的基本内涵	★★★
		加强职业道德修养的意义	★★
		职业道德修养的必要性	★★★
		职业道德修养的方法	★★★
	职业守则	职业守则的定义	★★★
		职业守则的内容	★★★
		遵纪守法的基本要求	★★★
		爱岗敬业的基本要求	★★★

➡ 考点导航

一、职业道德基本知识

1. 道德包括的三层含义
（1）一个社会的道德的性质、内容，是由社会生产方式和经济关系决定的。
（2）道德是以善与恶、好与坏、偏私与公正等作为标准来调整人们之间的行为的。
（3）道德不是由专门的机构来制定和强制执行的，而是依靠社会舆论和人们的内心信念、传统思想和教育的力量来调节的。

2. 职业道德的内涵
职业道德是从事一定职业的人们在职业活动中应该遵循的，依靠社会舆论、传统习惯和内心信念来维持的行为规范的总和。它调节从业人员与服务对象、从业人员之间、从业人员与职业之间的关系。它是职业或行业范围内的特殊要求,是社会道德在职业领域的具体表现。

　　3.职业道德的基本要素

　　①职业理想;②职业态度;③职业义务;④职业纪律;⑤职业良心;⑥职业荣誉;⑦职业作风。

　　4.职业道德的特征

　　(1)鲜明的行业性。

　　(2)适用范围上的有限性。

　　(3)表现形式的多样性。

　　(4)一定的强制性。

　　(5)相对稳定性。

　　(6)利益相关性。

　　5.职业道德修养的必要性

　　(1)职业道德是从业人员养成良好品质的必要条件。

　　(2)职业道德是个人成长的主要条件。

　　6.职业道德修养的方法

　　(1)学习职业道德规范,掌握职业道德知识。

　　(2)努力学习现代科学文化知识和专业技能,提高文化素养。

　　(3)经常进行自我反思,增加自律性,做到知行统一。

　　(4)提高精神境界,努力做到"慎独"、"积善成德"、"防微杜渐"。

二、家用电子产品维修工职业守则

　　(1)遵守法律、法规和有关规定。

　　(2)爱岗敬业,忠于职守,自觉认真履行各项职责。

　　(3)工作认真负责,严于律己,吃苦耐劳。

　　(4)刻苦学习,钻研业务,努力提高思想和科学文化素质。

　　(5)谦虚谨慎,团结协作。

◆ 仿真训练

一、单项选择题(请将正确选项的代号填入题内的括号中)

1."爱岗敬业、诚实守信、办事公道、服务群众、奉献社会"是全社会所有行业都应当遵守的公共性的职业(　　　)。

　　A.道德准则　　　　　B.行为规范　　　　　C.行为准则　　　　　D.规章制度

2.我国社会主义道德建设的核心是(　　　)。

　　A.诚实守信　　　　　B.办事公道　　　　　C.为人民服务　　　　　D.艰苦奋斗

3.职业道德的普遍性是指其具有从业者共同遵守(　　　)行为规范的普遍性特征。

　　A.社会公德　　　　　B.道德准则　　　　　C.基本职业道德　　　　　D.法律法规

4.职业道德具有四个方面的特点:职业性、(　　　)、多样性和实用性。

　　A.普遍性　　　　　B.操作性　　　　　C.规范性　　　　　D.独特性

5.下列关于职业道德的说法中正确的是(　　　)。

A. 职业道德与人格高低无关

B. 职业道德的养成只能靠社会强制规定

C. 职业道德从一个侧面反映人的道德素质

D. 职业道德素质的提高与从业人员的个人利益无关

6. 下列关于职业道德与职业技能关系的说法,不正确的是（　　）。

A. 职业道德对职业技能具有统领作用

B. 职业道德对职业技能有重要的辅助作用

C. 职业道德对职业技能的发挥具有支撑作用

D. 职业道德对职业技能的提高具有促进作用

7. 应在从业者中开展职业道德教育,培养良好的职业道德品质,提高从业者的（　　）。

A. 道德素养　　　　B. 职业素养　　　　C. 职业情操　　　　D. 道德修养

8. 在社会主义社会,各项工作的共同目的都是（　　）。

A. 为人民服务　　　B. 为取得报酬　　　C. 为建设社会主义　　D. 为了集体利益

9. 一个从业人员要形成良好的职业品质和达到一定的职业道德境界,首先（　　）。

A. 对职业道德要有正确的认识　　　　B. 对职业道德要有一些了解

C. 要知道职业道德的作用　　　　　　D. 要了解职业道德的内容

10. 从事各种职业活动的人员,按照职业道德基本原则和规范,在职业活动中所进行的自我教育、自我锻炼、自我改造和自我完善,使之形成良好的职业道德品质,达到一定的职业道德境界,这是（　　）。

A. 修养　　　　B. 职业道德修养　　　C. 职业道德人格　　D. 职业道德境界

11. 关于职业道德修养方法,正确的说法是（　　）。

A. 学习职业道德规范,掌握职业道德知识

B. 了解职业道德规范即可,关键是提高职业技能

C. 了解职业道德规范,不要触犯法律法规

D. 搞好人际关系,提高职业技能

12. 职业守则是从业者在进行本职业活动时必须遵守的（　　）。

A. 法律法规　　　　　　　　　　B. 规章制度

C. 企业的规章制度　　　　　　　D. 行为准则

13. 下列选项中属于职业道德作用的是（　　）

A. 增强企业的凝聚力　　　　　　B. 增强企业的离心力

C. 决定企业的经济效益　　　　　D. 增强企业职工的独立性

14. 家用电子产品维修行业职业守则的内容是:① 遵守法律、法规和有关规定;② 爱岗敬业,忠于职守,自觉认真履行各项职责;③ 工作认真负责,严于律己,吃苦耐劳;④ 刻苦学习,钻研业务,努力提高思想和科学文化素质;⑤（　　）。

A. 戒骄戒躁,努力拼搏　　　　　B. 团结合作,努力拼搏

C. 谦虚谨慎,助人为乐　　　　　D. 谦虚谨慎,团结协作

15. 职业纪律是在特定的职业活动范围内从事某种职业的人们必须共同遵守的行为准则。它包括劳动纪律、组织纪律等基本纪律要求以及（　　）。

A. 各行各业特殊纪律要求　　　　B. 各企业的规章制度

C. 公民道德建设纲要　　　　　　D. 传统习俗和内心信念

16. 职业纪律的强制性表现在两方面：一是要求从业者遵守、执行纪律，履行自己的职责；二是（　　）。
    A. 追究从业者不遵守纪律所造成的过失和后果
    B. 追究从业者不遵守纪律所造成的经济损失
    C. 追究从业者不遵守纪律所造成的行政责任
    D. 追究领导者不遵守纪律所造成的过失和后果

17. 遵纪守法是社会对每个公民、每个从业者最基本的要求，这既是职业道德的要求，也是每个从业者必备的（　　）。
    A. 职业行为　　　　　B. 基本职业素质　　　　C. 道德行为　　　　　D. 传统习俗

18. 关于跳槽现象，正确的看法是（　　）。
    A. 择业自由是人的基本权利，应该鼓励跳槽
    B. 跳槽对每个人的发展既有积极意义，也有不利的影响，应慎重
    C. 跳槽有利而无弊，能够开阔从业者的视野，增长才干
    D. 跳槽完全是个人的事，国家企业都无权干涉

19. 下列认识中，你认为可取的是（　　）。
    A. 要树立干一行、爱一行、专一行的思想
    B. 由于找工作不容易，所以干一行就要干到底
    C. 谁也不知道将来会怎样，因此要多转行，多受锻炼
    D. 我是一块砖，任凭领导搬

20. 以下关于"爱岗"与"敬业"之间关系的说法中，正确的是（　　）。
    A. 虽然"爱岗"与"敬业"并非截然对立，却是难以融合的
    B. "敬业"存在心中，不必体现在"爱岗"上
    C. "爱岗"与"敬业"在职场生活中是辩证统一的
    D. "爱岗"不一定要"敬业"，因为"敬业"是精神需求

21. 从事家用电子产品维修工作，要认真负责，严于律己。对于超过保修期的产品，（　　）。
    A. 拒绝维修
    B. 正常维修，收取维修费
    C. 向用户讲明维修超过保修期的产品需要收费，出示收费标准并征得用户同意
    D. 向用户讲明维修需要收费，收费标准视情况而定

二、多项选择题（请将正确选项的代号填入题内的括号中）

1. 全社会所有行业都应当遵守的公共性的职业道德准则是（　　）。
   A. 爱岗敬业　　　　　B. 诚实守信　　　　　C. 服务群众　　　　　D. 办事公道
   E. 奉献社会

2. 职业道德的实用性是指职业道德总是与从业人员自身的利益密切相关，当从业人员不能履行某一职责或存在明显差距时，往往会面临着（　　）。
   A. 罚款　　　　　　　B. 惩戒　　　　　　　C. 被淘汰出局　　　　D. 舆论指责
   E. 法律诉讼

3. 关于职业道德，下列说法中正确的有（　　）。
   A. 在内容方面，职业道德总是要鲜明地表达职业义务、职业责任以及职业行为上的道德准则

B. 在表现形式方面,职业道德往往比较具体、灵活、多样

C. 职业道德也是用来调节从业人员与其服务对象之间的关系,用来塑造本职业从业人员的形象

D. 从调节的范围来看,职业道德可以用来调节从业人员内部关系,加强职业、行业内部人员的凝聚力

E. 从产生的效果来看,职业道德既能使一定的社会或阶级的道德原则和规范"职业化",又能使个人道德品质"成熟化"

4. 在从业者中开展职业道德教育,培养良好的职业道德品质,其深远意义有(　　)。

A. 提高从业者的职业素养

B. 培养从业者树立全心全意为人民服务的思想

C. 形成良好的企业文化

D. 规范职业秩序和从业者的职业行为

E. 有利于形成和谐社会

5. 一个人要取得事业成功,就必须(　　)。

A. 不断提高其职业技能　　　　　　B. 不断提高职业道德素质

C. 不断地跳槽,去更好的单位发展　　D. 不断学习科学文化知识

E. 搞好自己与领导的关系

6. 加强职业道德修养的途径有(　　)。

A. 树立正确的人生观　　　　　　　　B. 培养自己良好的行为习惯

C. 坚决同社会上的不良现象作斗争　　D. 学习先进人物的优秀品质,不断激励自己

E. 搞好与领导的关系

7. 下列说法正确的是(　　)。

A. 职业守则是从业者在进行本职业活动时必须遵守的规章制度

B. 职业守则是各行业根据自身行业特点制定的,有利于从业者进行职业活动

C. 从事家用电子产品维修,只要努力工作即可,不用遵守职业守则

D. 职业守则是人为制定的,只要有利于行业即可

E. 家用电子产品维修工职业守则是维修人员在服务用户时必须遵守的规则

8. 家用电子产品维修行业职业守则的内容是(　　)。

A. 遵守法律、法规和有关规定

B. 爱岗敬业,忠于职守,自觉认真履行各项职责

C. 刻苦学习,钻研业务,努力提高思想和科学文化素质

D. 工作认真负责,严于律己,吃苦耐劳

E. 谦虚谨慎,团结协作

9. 在职业活动中要做到遵纪守法,必须做到(　　),必须遵守企业各项纪律和规范。

A. 学法　　　　　B. 知法　　　　　C. 懂法　　　　　D. 守法

E. 用法

10. 爱岗敬业的具体要求是(　　)。

A. 树立职业理想　　B. 强化职业责任　　C. 遵守世俗观念　　D. 提高职业技能

E. 发挥主人翁意识

三、判断题（对的画"√"，错的画"×"）

（　）1.《公民道德建设实施纲要》第十六条规定，"爱岗敬业、诚实守信、办事公道、服务群众、奉献社会"是全社会所有行业都应当遵守的公共性的职业道德准则。

（　）2. 职业道德具有四个方面的特点，即职业性、普遍性、单一性和实用性。

（　）3. 职业道德修养是指从事各种职业活动的人，按照职业道德基本原则和规范，在职业活动中所进行的自我教育、自我锻炼、自我改造和自我完善，使之形成良好的职业道德品质，达到一定的职业道德境界。

（　）4. 职业道德修养是一个长期的艰巨的自我教育、自我磨炼、自我改造和自我完善的过程。

（　）5. 用法，首先是遵守宪法和法律，其次是遵守国家的行政法规和地方性法规，最后要遵守劳动纪律、技术规范和一些群众自治组织所制定的乡规民约等。

（　）6. 从事家用电子产品维修工作，要树立终身学习的思想，努力学习，刻苦钻研维修业务，不断提高维修技能，提高思想和科学文化素质，以便更好地服务于社会。

（　）7. 从事家用电子产品维修工作，要认真负责，严于律己。对于超过保修期的产品，要向用户讲明维修超过保修期的产品需要收费，出示收费标准并征得用户同意。

（　）8. 要做到遵纪守法，必须做到学法、知法、懂法、用法，必须遵守企业各项纪律和规范。

（　）9. "干一行爱一行，爱一行专一行"是爱岗敬业所表达的最基本的道德要求。

（　）10. 爱岗是敬业的前提，不爱岗的人，很难做到敬业。敬业是爱岗情感的进一步升华，不敬业的人，很难说是真正爱岗。

参考答案

一、单项选择题

1. A　2. C　3. C　4. A　5. C　6. B　7. B　8. A　9. A　10. B
11. A　12. B　13. A　14. D　15. A　16. A　17. B　18. B　19. A　20. C
21. C

二、多项选择题

1. ABCDE　2. BCD　3. ABCDE　4. ABCDE　5. ABD
6. ABCD　7. ABE　8. ABCDE　9. ABDE　10. ABD

三、判断题

1. √　2. ×　3. √　4. √　5. ×　6. √　7. √　8. ×　9. √　10. √

第二单元　基础知识

学习目标

（1）掌握直流电路、正弦交流电路、谐振电路和磁路的基本概念。

（2）掌握半导体二极管和三极管的构造、工作原理、特性和主要参数。

（3）掌握三极管与场效应管组成的各种电路。

（4）掌握整流电路、滤波电路、稳压电路及开关型稳压电源。

（5）熟悉常用电声器件的组成、工作原理及检测方法。

（6）掌握无线传输和有线传输的基本概念。

（7）能熟练地运用常用的电子仪器仪表。

（8）掌握焊接的方法并且能够完成元器件的焊接和拆装。

（9）掌握相关法律法规知识。

考核要点

考核类别	考核范围	考 核 点	重要程度
基础知识	直流电路	欧姆定律的应用	★★★
		基尔霍夫定律的应用	★★★
	常用电子元件	电阻元件的分类及参数	★★★
		电容元件的分类及参数	★★★
		电感元件的分类及参数	★★★
	正弦交流电和正弦交流电路	正弦交流电的基本概念	★★★
		单一参数交流电路的分析	★★★
		RLC串、并联电路分析	★★★
	谐振电路	串联谐振电路的基本概念	★★★
		并联谐振电路的基本概念	★★
	磁路基本知识	磁路的基本概念、电磁感应定律的应用	★★
		变压器的基本概念及作用	★★★
	半导体二极管、三极管和稳压管	二极管的基本概念	★★★
		三极管的基本概念	★★★
	晶体管放大电路	基本放大电路的组成、工作原理和分析方法	★★★
		射极输出器的特点	★★★
		多极放大电路的耦合方式	★★★
		差动放大电路的组成及特点	★★★
		负反馈的概念及分类	★★★
		功率放大电路的特点	★★★
		场效应管放大电路的概念	★★★
	正弦波振荡电路	正弦波振荡电路的组成及工作原理	★★★
		正弦波振荡电路的分类	★★★
	集成运算放大器	集成运算放大器、三端集成稳压器的基本概念	★★★
		集成运算放大器的应用	★★★

考核类别	考核范围	考核点	重要程度
基础知识	电源电路	整流电路的分类、工作原理及特点	★★
		常用滤波电路的特点	★★★
		串联型稳压电路的组成及特点	★★★
		开关电源的组成及工作原理	★★
	电声器件及信号传输基础	扬声器的组成和参数	★
		扬声器的参数及检测	★
		无线电波及调制与解调的基本概念	★★
	常用电子仪器仪表	万用表的原理及使用方法	★★★
		数字万用表的使用方法及注意事项	★★★
		示波器的主要旋钮功能和使用方法	★★★
		信号发生器的分类、作用及使用	★★★
	电路焊接与元器件的拆焊	电烙铁的分类及使用方法	★★★
		焊接材料的种类及作用	★★★
		焊接方法及工艺要求	★★★
		贴片元件的特点及焊接方法	★★★
		常用拆焊工具及拆焊方法	★★★
	安全操作规程	环境、仪器仪表安全的要求	★★★
		待修设备安全的要求	★★★
	相关法律法规知识	《中华人民共和国消费者权益保护法》相关知识	★★★
		《中华人民共和国价格法》相关知识	★★★
		《中华人民共和国劳动合同法》相关知识	★★★

➡ 考点导航

一、直流电路

（1）欧姆定律的应用：阐明了在同一电路中，导体中的电流跟导体两端的电压成正比，跟导体的电阻成反比的关系。欧姆定律适用于纯电阻电路。

（2）基尔霍夫定律的应用：阐明了电路中电流电压遵循的约束关系，与元件性质无关，适用于任何集总电路，是分析和计算电路的基本依据之一，包括基尔霍夫电流定律和基尔霍夫电压定律。

二、常用电子元件

1.电阻元件的分类及参数

电阻元件按阻值特性可分为固定电阻器、可调电阻器和特种电阻（敏感电阻）器三大类；按制造材料可分为碳膜电阻器、金属膜电阻器、线绕电阻器、薄膜电阻器等；按安装方式可分为插件电阻器和贴片电阻器；按功能可分为负载电阻器、采样电阻器、分流电阻器、保护电阻器等。

电阻器的主要参数有标称阻值、允许偏差、额定功率、温度系数、电压系数、噪声系数等。

2. 电容元件的分类及参数

电容元件按结构可分为固定电容器、可调电容器和预调电容器；按极性可分为无极性电容器和有极性电容器；按电介质可分为有机介质电容器、无机介质电容器、电解质电容器和气体介质电容器。

电容器的主要参数有标称容量、允许偏差、额定电压、漏电流和绝缘电阻。

3. 电感元件的分类及参数

电感元件按结构可分为固定电感器和可调式电感器；按工作频率可分为高频电感器、中频电感器和可调电感器；按用途可分为振荡电感器、校正电感器、显像管电子束偏转电感器、阻流电感器、滤波电感器、隔离电感器和补偿电感器等。

电感器的主要参数有电感量标称值与误差、品质因数、额定电流和分布电容。

三、正弦交流电和正弦交流电路

1. 正弦交流电的基本概念

正弦交流电又称正弦交流电量，是大小和方向随时间按正弦规律周期性变化的电压和电流的统称。在分析正弦交流电路时，必须先设定参考方向，通常把正弦交流电正半周时的方向规定为参考方向。

2. 单一参数交流电路的分析

电阻器、电容器和电感器是组成正弦交流电路的主要元件。而实际电路往往是三种特性电路的组合。在分析复杂的正弦电路之前，先掌握仅由一个参数元件（R 或 C 或 L）组成的电路特性。

（1）电阻电路。在纯电阻电路中，电压 u 与电流 i 是同频率的正弦量，且相位相同。电路任一瞬时所吸收的功率称为瞬时功率，用小写字母 p 表示。而大写字母 P 表示平均功率或有功功率，它等于电压和电流有效值的乘积，与直流电路的计算公式完全相同。

（2）电感电路。电压 u 与电流 i 是同频率的正弦量，且电压 u 的相位超前电流 i 90°，电感器吸收的瞬时功率用 p 表示。平均功率（有功功率）P 为 0，说明电感器不消耗有功功率。在交流电路中，电感器与电源之间一直进行能量交换，这种能量交换的大小，用无功功率 Q 来衡量。无功功率 Q 等于瞬时功率 p 的幅值。

（3）电容电路。电压 u 与电流 i 是同频率的正弦量，且电流 i 的相位超前电压 u 90°，电容器吸收的瞬时功率用 p 表示，平均功率（有功功率）$P = 0$，说明电容器不消耗有功功率，只与电源进行能量交换。电容器是储能元件，不消耗电能，无功功率用 Q_c 表示。

3. RLC 串、并联电路分析

RLC 串联电路的向量方程为：

$$\dot{U} = R\dot{I} + jX_L\dot{I} - jX_C\dot{I} = [R + j(X_L - X_C)]\dot{I} = Z\dot{I}$$

相位关系：阻抗角 φ 是电压 U 和电流 I 之间的夹角。当 $X_L > X_C$ 时，$\varphi > 0$，表明电压超前电流，电路呈电感性；当 $X_L < X_C$ 时，$\varphi < 0$，表明电压滞后电流，电路呈现电容性；当 $X_L = X_C$ 时，$\varphi = 0$，表明电压与电流同相位，电路呈现电阻性。

复阻抗的串联和并联：n 个复阻抗串联，电路总的复阻抗等于各个复阻抗之和；n 个复阻抗并联,电路总的复阻抗的倒数等于各个复阻抗的倒数之和。

四、谐振电路

1. 串联谐振电路的基本概念

串联谐振又叫电压谐振,在电阻、电感及电容所组成的串联电路内,当容抗 X_C 与感抗 X_L 相等,即 $X_C = X_L$ 时,电路中的电压 U 与电流 I 的相位相同,电路呈现纯电阻性,这种现象叫串联谐振。当电路发生串联谐振时,电路中的总阻抗最小,电流将达到最大值。

(1)要使电路在频率为 f 的外加电压下发生谐振,可以通过改变电路参数(L、C),使电路的固有频率 f_0 与外加电压的频率 f 相等来实现。

(2)电压与电流同相位,电路呈纯电阻特性。

(3)发生谐振时电路中阻抗最小,电流最大。电路谐振时的电流称为谐振电流 I_0。

(4)电感器两端电压与电容器两端电压大小相等,相位相反。电阻电压与电源电压相等。

(5)谐振时电感器或电容器电压与电源电压的比值 Q 称为品质因数。

2. 并联谐振电路的基本概念

并联谐振又叫电流谐振,并联谐振与串联谐振的条件近似。

(1)电压与电流同相位,电路呈纯电阻特性。

(2)发生谐振时电路中阻抗最大,电流最小。并联谐振呈高阻抗特性,相位相反。

(3)谐振时电感支路电流或电容支路电流与电路总电流的比值称为品质因数 Q。并联谐振也具有选频作用,且 Q 值越高,选频特性越好。

五、磁路基本知识

1. 磁路的基本概念、电磁感应定律的应用

磁场的特性常用下面几个基本物理量来表示:

(1)磁感应强度 B 是表示磁场内某点磁场强弱的物理量,是一个矢量。磁感应强度 B 的方向与产生磁场的电流方向的关系符合右手螺旋定则。如果磁场内每个点的磁感应强度大小相等,方向相同,则该磁场为均匀磁场。

(2)在均匀磁场中,磁感应强度 B 与垂直于磁场方向的某一截面积 S 的乘积,称为通过该截面的磁通 Φ。而磁感应强度在数值上等于与磁场方向垂直的单位面积上所通过的磁通,所以又叫磁通密度。而磁通或磁力线通过的闭合路径就称为磁路。

(3)磁导率 μ 是表示物质导磁性能的物理量。

(4)磁场强度 H 是进行磁场计算时引用的一个物理量,也是矢量。

(5)要使磁路中建立一定大小的磁通 Φ,就必须在具有一定匝数 N 的线圈中通入一定大小的电流 I。所以把乘积 NI 称为磁路的磁动势(又叫磁通势)F,简称磁势。

(6)由于磁通量的变化而产生电流的现象称为电磁感应现象。电磁感应现象揭示了电、磁现象相互之间的联系和转化关系,在电工技术、电子技术、电磁测量等方面都有广泛应用。

2. 变压器的基本概念及作用

变压器是一种利用电磁感应原理传输能量和信号的器件,具有变换电压、电流、阻抗的作用。

六、半导体二极管、三极管和稳压管

1. 二极管的基本概念

将一个 PN 结用外壳封装起来，并各引出一个电极，就组成了一个半导体二极管。二极管具有单向导电性，二极管的主要参数有最大整流电流 I_{FM}、反向工作峰值电压 U_{RM}、反向峰值电流 I_{RM}、最高工作频率 f_M。

2. 三极管的基本概念

将两个 PN 结按照一定构成方式封装形成半导体三极管，根据组成方式不同，三极管分为 NPN 型和 PNP 型。三极管具有电流放大作用。三极管的主要参数有电流放大系数、集电极 - 基极反向截止电流 I_{CBO}、集电极 - 发射极反向截止电流 I_{CEO}、集电极最大允许电流 I_{CM}、集电极 - 发射极反向击穿电压 U_{CEO}、集电极最大允许耗散功率 P_{CM}。

七、晶体管放大电路

1. 基本放大电路的组成、工作原理和分析方法

共发射极放大电路的组成包括三极管 V、集电极电源 U_{CC}、基极电源 U_{BB}、基极电阻 R_B、集电极负载电阻 R_C 和耦合电容 C_1、C_2，输入电压 u_0 和负载电阻 R_L 不是放大电路的组成部分，但对放大电路有影响，其中 u_0 是负载上的电压。

工作原理：设置静态工作点，通过调节基极电阻 R_B 可以调节一个合适的静态工作点，使放大电路在有输入信号时，三极管始终处于放大状态。如果静态工作点选得合适，使 u_{BE} 总是大于 0，发射结保持正向偏置，三极管处于放大状态，输入信号就可以顺利到达输出端，得到一个不失真的放大了的输出信号。共发射极放大电路不但具有电压放大作用，还有反向的功能。

分析方法包括放大电路静态分析和放大电路动态分析，其中静态分析就是对静态工作点 $Q(I_B、I_C$ 和 $U_{CE})$ 进行计算，分析工作点的稳定对波形失真的影响。放大电路加入输入信号后，电路中各处的电压和电流在原有的静态值的基础上增加一个变化量，对放大电路中这些变化量的分析就称为放大电路的动态分析。微变等效电路法是常用的方法。

2. 射极输出器的特点

射极输出器电压放大倍数小于 1 且接近于 1，输出电压与输入电压同相，输入电阻高，输出电阻低。此外，射极输出器对电流仍有放大作用，也用作多级放大电路的中间级，用来进行阻抗变换和隔离前后级之间的相互影响，所以又称为缓冲级。

3. 多极放大电路的耦合方式

多级放大电路的耦合方式有阻容耦合、直接耦合、变压器耦合三种。阻容耦合主要用于放大电路的前置级；直接耦合既可以用于缓变信号的放大，也可以用于交流信号的放大，既可以用于放大电路的前置级，也可以用于功率输出级；变压器耦合主要用于放大电路的功率输出级，在高频情况下也常用于前置级。

4. 差动放大电路的组成及特点

差动放大电路中两个三极管的型号、特性、参数完全相同，电路结构对称，元件参数对称，因此两个放大电路的静态工作点相同。输入信号分别接到两个三极管的基极，称为双端输入。输出信号从两个三极管的集电极引出，称为双端输出。

在放大电路的两个输入端分别输入一对大小相等、极性相同的信号，称为共模信号，这种

输入方式称为共模输入。若在放大电路的两个输入端分别输入一对大小相等、极性相反的信号，称为差模信号，这种输入方式称为差模输入。

5. 负反馈的概念及分类

所谓反馈，就是将放大电路的输出信号（电压或电流）的一部分或全部通过一定的电路（反馈网络）引回到电路的输入回路。送回到输入回路的信号称为反馈信号。若反馈信号削弱了输入信号的作用，使放大倍数降低，称为负反馈。

反馈有四种类型，分别是电压串联反馈、电流串联反馈、电压并联反馈和电流并联反馈。

6. 功率放大电路的特点

功率放大电路主要要求在非线性失真较小的情况下输出更大的信号功率。输出功率尽可能大，效率尽可能高，非线性失真尽可能小。按照静态工作点的不同，功率放大电路可分为甲类、乙类、甲乙类等工作状态。

7. 场效应管放大电路的概念

场效应管放大电路在电路结构上与晶体三极管放大电路很相似，因而分析方法也类似。根据输入、输出回路公共端选择不同，分为共源极、共漏极和共栅极三种放大电路。

八、正弦波振荡电路

1. 正弦波振荡电路的组成及工作原理

正弦波振荡电路包括三部分：放大电路、选频电路和反馈电路。

正弦波振荡电路是一个无外加输入信号的正反馈放大电路，初始信号可由电路内部的噪声或瞬态扰动来产生。初始信号包含频率丰富的交流信号，通过选频电路把满足振荡相位平衡条件的某一频率信号挑选出来，再通过反馈电路送到输入端，只要满足 $|A \cdot F|>1$，反馈信号 $\dot{U}$ 大于原有的输入信号 $\dot{U}_i$，就可以形成"放大→选频→正反馈→再放大"不断循环的过程，使振荡逐步建立起来。当 $\dot{U}_i$ 较大时，三极管将进入饱和区，电路放大倍数 A 将下降，输出信号的幅值也不再增加，电路进入稳幅振荡状态。

2. 正弦波振荡电路的分类

正弦波振荡电路按反馈电路性质的不同分为 LC 正弦波振荡器、RC 正弦波振荡器和石英晶体振荡器。

九、集成运算放大器

1. 集成运算放大器的基本概念

集成运算放大器简称集成运放，它是一个高增益的直接耦合多级放大电路。主要参数有开环差模电压放大倍数 A_{od}、共模抑制比 K_{CMRR}、差模输入电阻 r_{id}、输出电阻 r_o、最大差模输入电压 $U_{id\,max}$、输入失调电压 U_{io} 和输入失调电流 I_{io}。集成运放的参数还有温度漂移、最大共模输入电压、最大输出电压、静态功耗等。

2. 集成运算放大器的应用

集成运算放大器的应用非常广泛，当集成运算放大器外接一定的负反馈电路和元件时，就可以组成各种信号运算电路，如比例运算电路、加减运算电路、微分运算电路、积分运算电路等。当集成运算放大器在开环、正反馈和外接非线性元件时，可构成各种电压比较器和波形发生器等，例如单限电压比较器、双限电压比较器等。

十、电源电路

1. 整流电路的分类、工作原理及特点

整流电路有多种形式，按波形分为半波整流和全波整流两种。

整流电路的作用主要是利用二极管的单向导电性，把交流电变换为脉动直流电。

半波整流电路虽然简单，但负载只得到半个周期的正弦波，效率很低，且波形脉动程度很大，只适用于对直流电压平滑程度要求不高的小功率整流电路。

桥式整流电路的优点很明显，其整流效率高，输出电压脉动小，整流元件耐压低，因而得到了广泛的应用。

2. 常用滤波电路的特点

常用的滤波电路有电容滤波电路、电感滤波电路、电容电感混合滤波电路等。

电容滤波电路结构简单、输出电压高、脉动小，但在接通电源的瞬间，将产生很大的充电电流。同时，因为负载电流太大，电容器放电的速度快，会使负载电压变得不够平稳，所以电容滤波电路只适用于负载电流较小的场合。

电感滤波电路主要适用于负载电流较大或负载经常变化的场合。

LC 滤波电路（电容电感混合滤波电路）带负载能力强，在负载变化时，输出电压比较稳定。又由于滤波电容接于电感之后，可使整流二极管免受浪涌电流的冲击。

π 型滤波电路主要适用于负载电流较小而又要求输出电压脉动很小的场合。

3. 串联型稳压电路的组成及特点

它是由基准电压电路、采样电路、比较放大电路和调整管四个部分组成。

当负载电流较大且要求稳压性能较好时，可采用串联型稳压电路。

4. 开关电源的组成及工作原理

调整管 V 与负载 R_L 串联。电感器 L 和电容器 C 组成滤波电路。二极管 VD 称为续流二极管。电阻器 R_1 和 R_2 组成采样电路。比较放大电路 A_1 将采样信号 u_f 与基准电源提供的基准电压 U_R 的差值进行放大。脉冲宽度调制电路由一个三角波振荡器和一个比较器 A_2 组成。

工作原理：在开关型稳压电路中，让调整管工作在开关（饱和、截止）状态，通过控制调整管的饱和导通和截止时间，来改变输出电压的大小。

十一、电声器件及信号传输基础

1. 扬声器的组成和参数

扬声器由磁路系统和振动系统两部分组成。磁路系统由磁铁和软铁芯柱组成，振动系统由纸盆、盆架、铁夹板、音圈、定心支片和防尘罩组成。

扬声器的主要性能参数有额定功率、额定阻抗、频率特性和谐振频率等。

2. 扬声器的检测

（1）检测扬声器的线圈。（2）检测扬声器的阻抗。（3）判断扬声器的极性。

3. 无线电波及调制与解调基本概念

所谓调制，就是把待传送的信号"装载"到高频振荡信号上的过程。待传送的信号称为调制信号，高频振荡信号称为载波信号，调制后的信号称为已调信号。调制有三种方式：调幅（AM）、调频（FM）和调相（PM）。

解调就是从高频已调信号中"取出"低频调制信号的过程，与调制过程相反。解调有三种方式：检波、鉴频和鉴相。

十二、常用电子仪器仪表

1. 万用表的原理及使用方法

指针式万用表最基本的测量原理:测电压和电流时外部有电流流入表头,因此不用内接电池。当挡位转换开关旋到交流电压挡时,通过二极管整流、电阻器限流,由表头显示测量值;当旋到直流电压挡时,只用电阻器限流,表头即可显示测量值;当旋到直流电流挡时,既不用二极管整流,也不用电阻器限流,表头即可显示测量值;测电阻时,旋到Ω挡,这时外部没有电流流入,因此必须使用内部电池作为电源。由外接的被测电阻器、电池、可调电位器、固定电阻器和表头部分组成闭合回路,形成的电流使表头指针偏转。红表笔与万用表内部电池的负极相连,万用表内部电池的正极与电位器及固定电阻器相连,经过表头接到黑表笔与被测电阻形成回路,产生电流使表头显示测量值。所以指针式万用表的红表笔接的是负极,黑表笔接的是正极,这一点与数字式万用表正好相反,使用时务必注意。由于电流和被测电阻不成线性关系,所以表盘上电阻刻度线的刻度是不均匀的。当电阻越小时,回路中的电流越大,指针的摆动越大,因此电阻挡刻度线是反向分度的。

2. 数字万用表的使用方法及注意事项

数字万用表的使用首先将电源开关置于“ON”位置,黑表笔插入“COM”插口,根据被测电学量将红表笔插入相应的插口。然后可以进行交直流电流的测量、交直流电压的测量、电阻的测量、二极管通断检测、三极管 h_{FE} 值测试以及短路检测等。

数字万用表的使用方法与指针式万用表的使用方法基本相同。但是,数字万用表在欧姆挡、二极管测试挡和蜂鸣器挡位置上,红表笔因与表内高电位相接而带正电,黑表笔因接表内虚地而带负电,这显然与指针式万用表欧姆挡上表笔的带电极性完全相反,在检测有极性元件或相关电路时,务必充分注意。

注意事项:

(1)注意正确选择量程及红表笔插孔。对未知量进行测量时,应首先把量程调到最大,然后从大向小调,直到合适为止。若显示“1”表示超量程,应加大量程。

(2)使用完毕,应将量程开关置于电压挡最高量程,再关闭电源。

(3)改变量程时,表笔应与被测点断开。

(4)测量电流时,切忌过载。

(5)不允许用电阻挡和电流挡测电压。

3. 示波器的主要旋钮功能和使用方法

(1)示波器的旋钮功能。

① 电源开关:压下此按钮可接通电源,电源指示灯亮;再按一次,按钮弹起,切断电源。

② 灰度控制旋钮:轨迹及光点亮度调节旋钮。

③ 聚焦控制旋钮:轨迹聚焦调节旋钮,使显示屏上显示波形清晰。

④ 基线旋转旋钮:用于调节扫描线使其和水平刻度线平行。

⑤ 垂直衰减选择旋钮:调节输入信号衰减幅度。

⑥ 输入耦合开关:AC——测量交流信号;GND——输入信号接地;DC——测量直流信号。

⑦ CH1(X)输入:信号输入通道1;在 X-Y 模式中,为 X 轴的信号输入端。

⑧ 垂直灵敏度微调旋钮:在 CAL 位置时,灵敏度即为挡位显示值。

⑨ CH2(Y)输入:信号输入通道2;在 X-Y 模式中,为 Y 轴的信号输入端。

⑩ 垂直移动旋钮:用于调节被测信号的光迹在屏幕上的上下位置。

⑪ 通道选择：CH1（CH2）——设定以 CH1（CH2）单一频道方式工作，显示 CH1（CH2）通道信号；DUAL——设定以 CH1 和 CH2 双频道方式工作，此时通过切换 ALT/CHOP 模式来显示两信号；ALT——两通道交替显示；CHOP——两通道断续显示，用于扫描速度较慢时双踪显示；ADD——显示两个通道的代数和 CH1 + CH2，当按下 CH2 INV 按钮时，显示两个通道的代数差 CH1-CH2。

⑫ 双踪显示选择：ALT——两通道交替显示；CHOP——两通道断续显示。

⑬ CH2 INV：按下此键，CH2 通道信号被反向。

⑭ 触发极性按钮："+"为上升沿触发，"-"为下降沿触发。

⑮ 触发源选择旋钮：通常有四种选择，选择哪个就是用相对应的信号作为触发源。

⑯ 外触发输入端：可输入外部触发信号。

⑰ 触发源交替设置：按下此键，CH1 和 CH2 通道信号以交替方式轮流作为内部触发信号源。

⑱ 触发方式选择：通常有四种，分别为自动 AUTO——无信号时，有光迹，有信号时，显示稳定波形；常态 NORM——无信号时，无显示，有信号时，显示稳定波形；电视场 TV-V——用于显示电视场信号；电视行 TV-H——用于显示电视水平画面信号。

⑲ 触发准位调整旋钮："+"则触发准位向上移，"-"则触发准位向下移。

⑳ 水平扫描时间旋钮：调节信号的水平速度，根据输入信号频率的高低选择适当挡位。

㉑ 水平位置调节：调节被测信号水平方向的位置。

㉒ 水平微调：微调水平扫描时间。

㉓ 扫描扩展：水平放大键。

㉔ 标准信号源：此端输出一个 $2V_{P-P}$、1 kHz 的方波信号，用于校正测试探针及检查垂直衰减灵敏度。

㉕ GND：示波器接地端。

（2）示波器的使用方法。

① 电源接通前。

a. 将"INTEN"旋钮调到最小，"FOCUS"旋到中间位置。

b. "VERT MODE"置于 CH1，"ALT/CHOP"键弹起，"CH2/INV"键弹起。

c. 将"VOLTS/DIV"旋到 0.5 V/DIV，将"垂直 POSITION"旋到中间位置；将"VAPIABLE"顺时针旋到 CAL 位置。

d. 将"AC-GND-DC"置于 GND。

e. 将"SOURCE"置于 CH1，"SLOPE"按钮弹起，"TRIG.ALT"按钮弹起。

f. 将"TRIGGER MODE"置于 AUTO。

g. 将"TIME/DIV"旋到 0.5 ms/DIV，"SWP.VRA"顺时针旋到 CAL 位置，"×10 MAG"弹起。

h. 将"水平 POSITION"置于中间位置。

② 开始测量。

a. 按下电源开关，电源指示灯亮，约 20 s 后显示屏上出现一道轨迹。

b. 旋转"INTEN"和"FOCUS"旋钮，调整轨迹的亮度和聚焦适中。

c. 旋转 CH1 通道的"垂直 POSITION"和"TRACE ROTATION"旋钮，使轨迹与显示屏中央水平刻度线平行；旋转"INTEN"和"FOCUS"旋钮，调整轨迹的亮度和聚焦适中。

d. 将示波器信号输入线一端同轴连接器连接 CH1 输入端，另一端信号输入端（探针）接

$2V_{P-P}$ 校准信号端。

e. 将"AC-GND-DC"置于 AC,显示屏上显示方波波形。

f. 旋转"FOCUS"旋钮,使轨迹更清晰。

g. 调整"垂直 POSITION"和"水平 POSITION"旋钮,使波形与刻度线重合,便于读出电压值(V_{P-P})和周期。

4. 信号发生器的分类及作用

按输出波形分有正弦信号发生器、脉冲信号发生器、函数信号发生器和噪声信号发生器。正弦信号发生器产生正弦波。脉冲信号发生器产生脉宽可调的重复脉冲波。函数信号发生器产生正弦波、三角波、方波等信号。噪声信号发生器产生各种模拟干扰的电信号。

按输出频率范围分有超低频信号发生器(频率为 0.001 Hz～1 kHz)、低频信号发生器(频率为 1 Hz～1 MHz)、视频信号发生器(频率为 20 Hz～10 MHz)、高频信号发生器(频率为 200 kHz～30 MHz)、甚高频信号发生器(频率为 30 MHz～300 MHz)和超高频信号发生器(频率在 300 MHz 以上)。

在家电维修中常用的信号发生器有以下几种类型:低频信号发生器,主要用于测试录音机放大器等音响设备;高频信号发生器,主要用于测试调频、调幅收音机电路;电视信号发生器,主要用于测试电视设备及相关的产品。

十三、电路焊接与元器件的拆焊

1. 电烙铁的分类及使用方法

(1)电烙铁的分类。

① 电烙铁按功率可以分为低温烙铁、高温烙铁和恒温烙铁。

a. 低温烙铁的功率通常为 30 W、40 W、60 W 等,主要用于普通焊接。

b. 高温烙铁通常指功率在 60 W 以上的烙铁,主要用于大面积焊接,如电源线的焊接等。

c. 恒温烙铁又可分为恒温烙铁和温控烙铁(温控烙铁可以调节温度)。温控烙铁主要用于 IC 或多脚密集元件的焊接,恒温烙铁则主要用于 CHIP 元件的焊接。

② 电烙铁根据烙铁头的不同可以分为尖嘴烙铁、斜口烙铁和刀口烙铁。

a. 尖嘴烙铁:用于普通焊接。

b. 斜口烙铁:主要用于 CHIP 元件的焊接。

c. 刀口烙铁:用于 IC 或者多脚密集元件的焊接。

(2)电烙铁的使用方法。

① 烙铁的握法。

a. 低温烙铁:手执钢笔写字状。

b. 高温烙铁:手指向下抓握。

② 烙铁头与印制电路板的理想角度为 45°。

③ 烙铁头需保持干净。

④ 使用时严禁用手接触烙铁发热体。

⑤ 严禁暴力使用烙铁(例如用烙铁头敲击硬物)。

2. 焊接材料的种类及作用

完成焊接需要的材料主要包括焊料、焊剂和一些其他辅助材料,如阻焊剂、清洗剂等。

焊料是一种易熔金属,它能使元器件引线与印制电路板的连接点连接在一起,并在接触面处形成合金层。

焊剂是焊接时添加在焊点上的化合物，是进行锡铅焊接的辅助材料。焊剂能去除被焊金属表面的氧化物，防止焊接时被焊金属和焊料再次被氧化，并降低焊料表面的张力，有助于焊接。

清洗剂可以去除完成焊接后在焊点周围存在的残余焊剂、油污、汗迹等杂质。

阻焊剂是一种耐高温的涂料，其作用是保护印制电路板上不需要焊接的部位。在焊接工艺中，特别是在自动焊接技术中，可防止桥接、短路等现象发生，降低返修率；使印制电路板受到的热冲击减小，因而印制版面不易起泡和分层；使用带有色彩的阻焊剂，使印制板的版面显得整洁而美观。

3. 焊接方法及工艺要求

五步施焊法：准备—加热被焊工件—加焊锡—移去焊锡丝—移开电烙铁。

三步施焊法：准备—同时加热被焊工件和焊料—撤离。

手工焊接的工艺要求：① 焊件表面处理；② 预焊；③ 不要用过量的焊剂；④ 保持烙铁头的清洁；⑤ 加热要靠焊锡桥；⑥ 焊锡量要合适；⑦ 焊件要牢固；⑧ 电烙铁撤离有讲究；⑨ 对焊接点的基本要求。

4. 贴片元件的特点及焊接方法

贴片元件是指无引线或引线很短、有焊端，外形为薄片的表面组装元件，从形状上分为矩形、圆柱形和异形三种。贴片元件的优点是：① 提高安装密度；② 提高产品性能和可靠性；③ 有利于自动化生产；④ 便于维修和替换。

焊接方法：

（1）只有几个焊点的元件：先在印制电路板上其中一个焊点上镀点锡，然后左手用镊子夹持元件放到安装位置并抵住电路板，右手用电烙铁将已镀锡焊盘上的焊点焊好。元件焊上一个焊点后不会移动，左手镊子可以松开，改用锡丝将其余的焊点焊好。

（2）多个引脚的元件：先在一个焊点上镀锡，然后左手用镊子夹持元件将一只引脚焊好，再用锡丝焊其余的引脚。

（3）高密度多引脚的元件：对于引脚数目多且比较密集的元件，引脚与焊点的对齐是关键。通常选在元件脚上的一个焊点，只镀很少的锡，用镊子或手将元件与焊盘对齐，注意要使所有引脚的边都对齐，然后左手（或通过镊子）稍用力将元件按在印制电路板上，右手用烙铁将镀锡焊点对应的引脚焊好。焊好后左手可以松开，轻轻转动电路板，将其余三个角上的引脚先焊上。当四个角都焊上以后，元件基本不会移动，这时可以从容地将剩下的引脚一个一个地焊上。焊接的时候可以先涂一些松香液，让烙铁头带少量锡，一次焊一个引脚。如果不小心使相邻两只脚短路，请不要着急，等全部焊完后再清理。焊完所有的引脚后，用助焊剂浸湿所有引脚，吸掉多余的焊锡，消除短路和搭接。最后用镊子检查是否有虚焊。检查完成后，清除电路板上的助焊剂，用硬毛刷浸上酒精沿引脚方向仔细擦拭，直到助焊剂消失为止。

5. 常用拆焊工具及拆焊方法

拆焊需要的工具有吸锡电烙铁、热风枪、镊子、吸锡器等。

拆焊方法分为分点拆焊法、集中拆焊法、断线拆焊法、间断加热拆焊法。

十四、安全操作规程

1. 环境、仪器仪表安全的要求

环境安全知识：

（1）工作台面、地面要有绝缘胶，维修人员要按规定穿工作服和绝缘性良好的鞋子。

（2）采用1∶1隔离变压器，使待修设备与交流市电完全隔离，保证人身、待修设备和维修仪器的安全。

（3）维修仪器、工具等要摆放整齐有序，方便维修人员取用。

（4）电烙铁要放在专用烙铁架上，遵守电烙铁使用规则，不能敲打、甩锡等，防止烫伤或损坏电烙铁。

（5）CMOS型器件属于电荷敏感元件，容易因静电造成毁坏，因此在拆装CMOS型器件时要戴防静电手环。焊接时要断开电烙铁电源，用余热进行焊接。

（6）安全用电。经常检查用电设备、导线等的绝缘情况，发现损坏应及时处理。插拔插头时要捏住插头，不要拉扯导线。

仪器仪表安全知识：

（1）示波器、信号发生器等仪器设备必须良好接地。调节仪器旋钮时，力度要适中，严禁违规操作。

（2）测量电路元件电阻值时，必须断开被测电路的电源。

（3）使用万用表、毫伏表、示波器、信号源等仪器进行测量时，应先接上接地线端，再接上电路的被测点线端；测量完毕拆线时，则先拆下电路被测点线端，再拆下接地线端。

（4）使用万用表、毫伏表测量未知电压，应先选最大量程挡进行测试，再逐渐下降到合适的量程挡。

（5）用万用表测量电压和电流时，不能带电转动转换开关。

（6）万用表使用完毕，应将转换开关旋至空挡或交流电压最高挡位处。

（7）毫伏表在通电前或测量完毕时，量程开关应转至最高挡位处。

（8）示波器显示波形时，亮度应适中，中途暂时不用时应调低亮度。

（9）用剪线钳剪断小导线、元件引线时，应使被剪下物体朝向工作台或空处，不可朝向人体或设备。

（10）维修结束或下班时，应先关闭仪器电源开关，再拔下电源插头，避免仪器受损。

2. 待修设备安全的要求

（1）由于彩电开关电源的底板与220 V交流电的相线相连，检修时为防止触电，最好在交流市电和电视机电源输入端之间加一个1∶1的隔离变压器。检修人员应穿绝缘性良好的鞋子。

（2）取出线路板进行测量时，要注意线路板的放置位置，线路板上的焊点不要被金属部件短接，可用纸板进行隔离。

（3）不允许使用取下高压帽后，将金属螺丝刀靠近高压极拉火花的方法来判别高压是否正常。电视机显像管电压为25～30 kV，用这种方法检查很危险，且易造成行输出管及开关电源等元件损坏。

（4）在取下显像管的高压帽前，要先对高压嘴做放电处理。

（5）检修开关电源时，切勿断开开关电源的输出负载，否则，极易使开关管击穿。

（6）用电烙铁焊接时，一定要先切断电源。

（7）拆焊操作时，热风枪温度不能过高，不用时立刻关闭或调低温度待用。

（8）贵重元器件损坏后，要查明故障原因，排除故障隐患。

（9）当不知道被测点电压值的范围时，先把万用表电压挡拨到最大量程再进行测量，以免被测电压值高于万用表量程而损坏万用表。

十五、相关法律法规知识

1.《中华人民共和国消费者权益保护法》相关知识

《中华人民共和国消费者权益保护法》概述：本法全文共八章六十三条,涉及消费者的权利、经营者的义务、国家对消费者合法权益的保护、消费者的组织、争议的解决等内容。

《中华人民共和国消费者权益保护法》的立法目的:《中华人民共和国消费者权益保护法》的颁布实施,是我国第一次以立法的形式全面确认消费者的权利。本法明确了消费者的权利,规范经营者应对维护消费者权益承担何种义务,特别是着重规范经营者与消费者的交易行为,规定交易应当遵循自愿、平等、公平、诚实信用的原则,对保护消费者的权益,规范经营者的行为,维护社会经济秩序,促进社会主义市场经济健康发展具有十分重要的意义。

《中华人民共和国消费者权益保护法》的要点:

（1）规定了消费者享有知情权。

（2）规定了消费者享有自主选择权。

（3）规定了公平交易的原则。

（4）规定了消费者享有依法获取赔偿的权利。

（5）规定了消费者享有受尊重权。

（6）规定了经营者应当向消费者出具凭证或单据。

（7）规定了关于"三包"责任。

（8）规定了消费者因在展销会、出租柜台购买的商品受到损害时要求赔偿的权利。

2.《中华人民共和国价格法》相关知识

《中华人民共和国价格法》概述:本法共包括七章四十八条,涉及经营者的价格行为、政府的定价行为、价格总水平调控、价格监督检查、对各类价格违法行为的处罚等内容。

《中华人民共和国价格法》的立法目的:《中华人民共和国价格法》的制定充分考虑了消费者和经营者在商品交换中各自的合法利益,建立了正常的价格关系,维护了公平、合法的价格竞争,规定了经营者进行不正当价格行为应承担的处罚,维护了正常的价格秩序,促进了社会主义市场经济的健康发展。

《中华人民共和国价格法》的要点:

（1）规定了基本价格制度和定价形式。

（2）规定了经营者享有的定价权利。

（3）规定了不正当价格行为的处罚。

3.《中华人民共和国劳动合同法》相关知识

《中华人民共和国劳动合同法》概述:本法共包括八章九十八项条款,涉及劳动合同的订立、劳动合同的履行和变更、劳动合同的解除和终止等内容。

《中华人民共和国劳动合同法》的立法目的:《中华人民共和国劳动合同法》的制定充分考虑了我国劳动关系双方当事人的情况,针对"强资本、弱劳工"的现实,内容侧重于对劳动者权益的维护,使劳动者能够与用人单位的地位达到一个相对平衡的水平。与此同时,《中华人民共和劳动合同法》并没有忽视用人单位的合法权益,也规定了劳动者违法应承担的法律责任。通过这种权利义务的对应性,构建和发展了和谐稳定的劳动关系。

《中华人民共和国劳动合同法》的要点:

（1）规定了劳动合同要用书面形式。

（2）规定了用人单位不得向员工收取押金。

（3）对试用期的期限、薪酬等作出了规定。

（4）规定了劳动合同的必备条款。

（5）对违约金的额度等作出了规定。

（6）规定了无固定期限劳动合同。

（7）劳务派遣用工成本提高。

仿真训练

一、单项选择题（请将正确选项的代号填入题内的括号中）

1. 习惯上规定以（　　）移动的方向作为电流的实际方向。

  A. 电子　　　　　　　　　　　　B. 电荷

  C. 负电荷　　　　　　　　　　　D. 正电荷

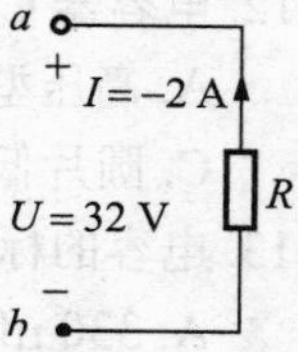

2. 电路如图 1-3-1 所示，电压、电流的参考方向以及数值已在图中标出，则电阻 R 的值为（　　）。

  A. 4 Ω　　　　　　　　　　　　B. 16 Ω

  C. −4 Ω　　　　　　　　　　　D. −16 Ω

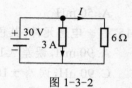

图 1-3-1

3. 电路如图 1-3-2 所示，电流 I 为（　　）。

  A. −3 A　　　　　　　　　　　B. 2 A

  C. 5 A　　　　　　　　　　　　D. 7 A

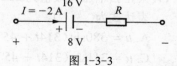

图 1-3-2

4. 有两个相同电阻值的电阻串联，已知电路两端的电压为 2 A，电路中的电流为 2 A，那么通过每个电阻上的电流为（　　）。

  A. 0.5 A　　　　　　　　　　　B. 1 A

  C. 2 A　　　　　　　　　　　　D. 4 A

5. 电路如图 1-3-3 所示，则电路中的电阻 R 为（　　）。

  A. 4 Ω　　　　　　　　　　　　B. −4 Ω

  C. 12 Ω　　　　　　　　　　　D. −12 Ω

图 1-3-3

6. 电路中某点与（　　）间的电压就称为该点的电位。

  A. 电源负极　　　　　　　　　　B. 电源正极

  C. 公共点　　　　　　　　　　　D. 参考点

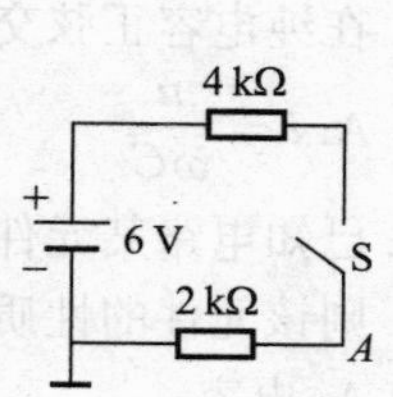

7. 电路如图 1-3-4 所示，则 A 点的电位为（　　）。

  A. 0 V　　　　　　　　　　　　B. 2 V

  C. 4 V　　　　　　　　　　　　D. 6 V

图 1-3-4

8. 把标有 6 V、3 W 和 12 V、3 W 的两个灯泡 L_1、L_2 串联在 15 V 的电源上，下列说法正确的是（　　）。

  A. 灯泡 L_1 正常发光

  B. 灯泡 L_2 正常发光

  C. 两灯泡都正常发光

  D. 两灯泡都不能正常发光

9. 在如图 1-3-5 所示电路中，元件 A 的功率为（　　）。

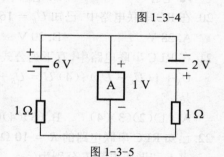

图 1-3-5

A. −5 W　　　　　　B. 5 W　　　　　　C. −2 W　　　　　　D. 2 W

10. 电阻器标示 5K1 的含义是（　　　）。
   A. 文字符号法，表示阻值是 5.1 Ω
   B. 文字符号法，表示阻值是 5 kΩ
   C. 直标法，表示阻值是 5.1 kΩ
   D. 直标法，表示阻值是 51 Ω

11. 电阻器的实际电阻值与标称阻值有一定的偏差，把所允许的最大偏差范围称为允许偏差，其允许偏差等于（　　　）。
   A. 实际电阻值与标称阻值之差
   B. 实际电阻值与标称阻值的差值占标称阻值的百分比
   C. 实际电阻值与标称阻值的差值占实际电阻值的百分比
   D. 实际电阻值与标称阻值的百分比

12. 电容器 CT1 表示的含义是（　　　）。
   A. 高压型箔式铝电解电容器
   B. 圆片高频陶瓷电容器
   C. 圆片低频陶瓷电容器
   D. 高功率型箔式铝电解电容器

13. 电容的标称值 R33 表示的电容量是（　　　）
   A. 330 μF　　B. 330 pF　　C. 0.33 pF　　D. 0.33 μF

14. 已知有两个电感，$L_1 = 5$ mH，$L_2 = 10$ mH，其串联后等效电感为（　　　）。
   A. 50 mH　　B. 20 mH　　C. 15 mH　　D. 3.33 mH

15. 有一电感元件，其色标是白、黑、橙、金，则表示该电感的电感值是（　　　）。
   A. 90 mH，误差 ±10%　　B. 90 mH，误差 ±5%
   C. 90 μH，误差 ±10%　　D. 90 μH，误差 ±5%

16. 已知交流电压 $u = 311\sin(314t + 70°)$V，交流电流 $i = 100\sin(314t + 30°)$A，则电压与电流的相位差是（　　　）。
   A. −40°　　B. 40°　　C. 100°　　D. −100°

17. 某正弦电压有效值为 220 V，频率为 50 Hz，初相位为 45°，计时数值等于 220 V，其瞬时值表达式为（　　　）。
   A. $u = 380\sin(314t + 45°)$V　　B. $u = 220\sin(314t + 45°)$V
   C. $u = 311\sin(314t + 45°)$V　　D. $u = 311\sin(314t − 45°)$V

18. 在纯电容正弦交流电路中，电压与电流的关系是（　　　）。
   A. $i = \dfrac{u}{\omega C}$　　B. $i = \dfrac{U}{C}$　　C. $i = \omega C U$　　D. $i = j\omega C U$

19. 已知电路某元件的电压 u 与电流 i 分别为 $u = 10\cos(\omega t + 20°)$V，$i = 5\sin(\omega t + 110°)$A，则该元件的性质是（　　　）。
   A. 电容　　B. 电感　　C. 电阻　　D. 不能确定

20. 在 RL 串联电路中，已知 $U_R = 16$ V，$U_L = 12$ V，则电路总电压为（　　　）。
   A. 28 V　　B. 20 V　　C. 10.6 V　　D. 4 V

21. 在 RLC 串联电路中，有下列公式：(1) $u = u_R + u_L + u_C$；(2) $U = U_R + U_L + U_C$；(3) $U = U_R + j(U_L − U_C)$；(4) $\dot{U} = \dot{U}_R + \dot{U}_L + \dot{U}_C$；(5) $\dot{U} = \dot{U}_R + j(\dot{U}_L − \dot{U}_C)$。上述公式中正确的是（　　　）。
   A. (1)(2)(3)(4)　　B. (3)(4)(5)　　C. (1)(4)(5)　　D. 全都正确

22. 已知 RLC 串联电路的 $R = 10$ Ω，$L = 2$ mH，$C = 180$ pF，电源电压为 5 V，该电路谐振频率 f_0 和谐振电流 I_0 分别为（　　　）。

A. $f_0 = 265$ kHz，$I_0 = 0.5$ A　　　　　B. $f_0 = 37.7$ kHz，$I_0 = 0.5$ A

C. $f_0 = 265$ kHz，$I_0 = 2$ A　　　　　D. $f_0 = 37.7$ kHz，$I_0 = 5$ A

23. 已知一电感 $L = 100$ mH，电阻 $R = 40$ Ω 的线圈与一电容器串联，接于 $U = 40$ V，$f = 100$ kHz 的交流电压上，电路处于谐振状态。电容器上的电压 U_C 与电源电压 U 之间的关系为（　　）。

A. 电容器上的电压 U_C 大于电源电压 U　　　B. 电容器上的电压 U_C 小于电源电压 U

C. 电容器上的电压 U_C 等于电源电压 U　　　D. 以上答案都不对

24. 在电容器与线圈的并联电路中发生了并联谐振，其特征是：(1) 电路的阻抗值最大；(2) 电路对电源呈现电阻的特性；(3) 并联支路的电流近似相等，比总电流大许多倍；(4) 并联谐振也称电流谐振。上述说法中正确的是（　　）。

A.（1）（2）　　　　B.（1）（2）（4）　　　　C.（1）（3）（4）　　　　D. 全都正确

25. 正弦交流电路如图 1-3-6 所示，已知在频率为 f_0 时，有 $I_R = I_L = I_C$，则整个电路呈现（　　）。

A. 电阻性

C. 电容性

B. 电感性

D. 不确定

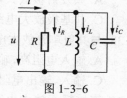

图 1-3-6

26. 在均匀磁场中，磁感应强度 B 与垂直于磁场方向的某一截面面积 S 的乘积，称为通过该截面的磁通 Φ，单位是（　　）。

A. 韦［伯］（Wb）　　　　　　　　　B. 亨［利］/米（H/m）

C. 特［斯拉］（T）　　　　　　　　　D. 安［培］/米（A/m）

27. 一个 100 匝的线圈，在 0.5 s 内穿过它的磁通量从 0.01 Wb 增加到 0.09 Wb，则线圈中的感应电动势为（　　）。

A. 18 V　　　　　B. 16 V　　　　　C. 8 V　　　　　D. 2 V

28. 已知某单相变压器的一次绕组电压为 3 000 V，二次绕组电压为 220 V，负载是一台 220 V、25 kW 的电阻炉，则一次绕组的电流为（　　）。

A. 114 A　　　　　B. 161 A　　　　　C. 8.36 A　　　　　D. 11.8 A

29. 通常说变压器可以进行电压变换、阻抗变换和（　　）。

A. 能量变换　　　　B. 功率变换　　　　C. 电流变换　　　　D. 以上选项都不正确

30. 稳压二极管是利用 PN 结的（　　）。

A. 单向导电性　　　B. 反向击穿性　　　C. 电容特性　　　D. 反向电阻特性

31. 电路如图 1-3-7 所示，二极管的管压降忽略不计，则 A、B 两点间的电压 U_{AB} 为（　　）。

A. 12 V　　　　　B. 6 V　　　　　C. −6 V　　　　　D. −12 V

32. 有一元件的型号是 3DG110B，则说明该元件是（　　）。

A. 电阻

C. 二极管

B. 电容

D. 三极管

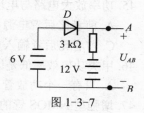

图 1-3-7

33. 三极管的特性曲线是表示三极管各极电流与极间电压之间的关系曲线，主要有（　　）。

A. 输入特性曲线

C. 输入特性曲线和输出特性曲线

B. 输出特性曲线

D. 交直流负载线

34. 在共射极基本放大电路中，直流电源的作用是（　　）。

A. 使三极管发射结正偏、集电结反偏，为输出信号提供能量

B. 使三极管发射结反偏、集电结正偏,为输出信号提供能量

C. 使三极管发射结反偏、集电结反偏,为输出信号提供能量

D. 使三极管发射结正偏、集电结正偏,为输出信号提供能量

35. 放大电路的静态工作点,是指输入信号(　　　)三极管的工作点。

    A. 为零时　　　　　　　　　　　　　　　　B. 为正时

    C. 为负时　　　　　　　　　　　　　　　　D. 很小时

36. 如图 1-3-8 所示分压偏置放大电路,图中错误有(　　　)。

    A. 1 处　　　　　　　　　　　　　　　　B. 2 处

    C. 3 处　　　　　　　　　　　　　　　　D. 4 处

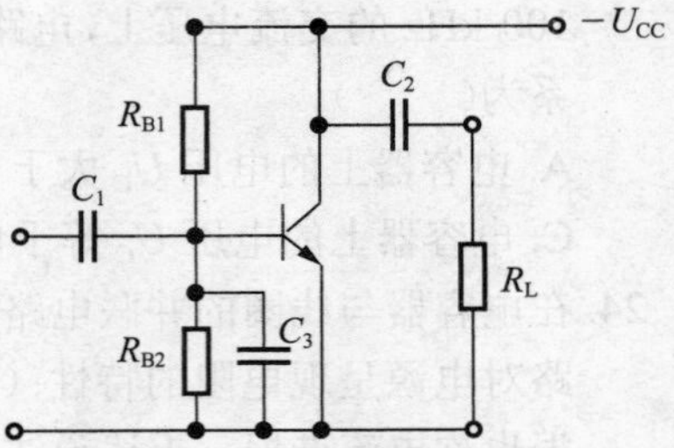

图 1-3-8

37. 射极输出器是(　　　)。

    A. 共发射极放大电路　　　　　　　　　　B. 共集电极放大电路

    C. 共基极放大电路　　　　　　　　　　　D. 以上选项都不正确

38. 与共射单管放大电路相比,射极输出器的特点是(　　　)。

    A. 输入电阻高,输出电阻低　　　　　　　B. 输入电阻低,输出电阻高

    C. 输入、输出电阻都很低　　　　　　　　D. 输入、输出电阻都很高

39. 直接耦合放大电路存在零点漂移的原因是:(1) 电阻阻值有误差;(2) 晶体管参数的分散性;(3) 晶体管参数受温度影响;(4) 电源电压不稳定。以上说法正确的是(　　　)。

    A. (1)(2)　　　　B. (2)(3)　　　　C. (3)(4)　　　　D. (3)

40. 直接耦合放大电路电压放大倍数越大,在输出端出现的漂移电压就(　　　)。

    A. 越大　　　　　　B. 越小　　　　　　C. 不变　　　　　　D. 和电压放大倍数无关

41. 将单端输入-双端输出的差动放大电路改接成单端输入-单端输出时,其差模电压(　　　)。

    A. 不变　　　　　　B. 增大一倍　　　　C. 减少一半　　　　D. 不确定

42. 共模抑制比 K_{CMRR} 定义为(　　　)之比。

    A. 差模输入信号与共模成分　　　　　　　B. 输出量中差模成分与共模成分

    C. 差模放大倍数与共模放大倍数　　　　　D. 共模放大倍数与差模放大倍数

43. 对于放大电路,所谓闭环是指(　　　)。

    A. 考虑信号源内阻　　B. 存在反馈通路　　C. 接入电源　　　　D. 接入负载

44. 欲使放大器净输入信号削弱,应采取的反馈类型是(　　　)。

    A. 串联反馈　　　　B. 并联反馈　　　　C. 正反馈　　　　　D. 负反馈

45. 功率放大电路与电压放大电路的区别是(　　　)。

    A. 前者比后者电源电压高　　　　　　　　B. 前者比后者电压放大倍数数值大

    C. 前者比后者输入电阻高　　　　　　　　D. 前者比后者效率高

46. 甲类功放效率低是因为(　　　)。

    A. 只有一个功放管　　B. 静态电流过大　　C. 管压降过大　　　D. 输入电阻大

47. 增强型 NMOS 管的开启电压(　　　)。

    A. 大于零　　　　　　B. 小于零　　　　　C. 等于零　　　　　D. 或大于零或小于零

48. 下列场效应管中,属于耗尽型 NMOS 管的是(　　　)。

    A. 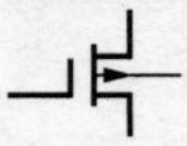　　　　　　　　　B. 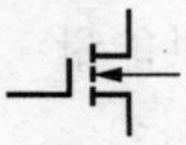　　　　　　　　　C. 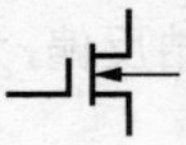　　　　　　　　　D.

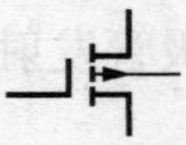

49. 振荡器的振荡频率取决于(　　)。

A. 供电电源　　　　B. 选频网络　　　　C. 晶体管的参数　　D. 外界环境

50. 一个正弦波振荡器的开环电压放大倍数为 A, 反馈系数为 F, 该振荡器要能自行建立振荡, 其幅值条件必须满足(　　)。

A. $|A \cdot F| = 1$　　B. $|A \cdot F| < 1$　　C. $|A \cdot F| > 1$　　D. $|A \cdot F| \leqslant 1$

51. 在 LC 正弦波振荡器电路中 LC 电路是(　　)。

A. 选频电路　　　B. 稳幅电路　　　C. 放大电路　　　D. 反馈电路

52. 振荡电路如图 1-3-9 所示, 该电路是(　　)。

A. 电感三点式振荡电路

B. 变压器反馈式振荡电路

C. RC 正弦波振荡电路

D. 电容三点式振荡电路

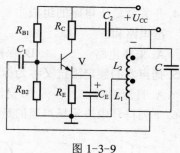

图 1-3-9

53. 集成运算放大器输入级一般采用的电路是(　　)。

A. 差动放大电路

B. 射极射出器

C. 共基极电路

D. 电流串联负反馈电路

54. 集成三端稳压器 W7905 的标准输出电压是(　　)。

A. $+5\text{ V}$　　　　B. -5 V　　　　C. $+0.5\text{ V}$　　　　D. -0.5 V

55. 反相比例运算电路是(　　)电路。

A. 串联电压负反馈　　　　　　B. 并联电压负反馈

C. 串联电压正反馈　　　　　　D. 并联电压正反馈

56. 电路如图 1-3-10 所示, 该电路是(　　)。

A. 比例运算电路　　　　　　B. 积分电路

C. 微分电路　　　　　　　　D. 加法电路

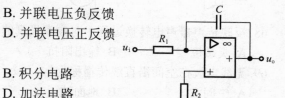

图 1-3-10

57. 图 1-3-11 所示电路为(　　)。

A. 半波整流电路　　　　　　B. 全波整流电路

C. 桥式整流电路　　　　　　D. 整流滤波电路

58. 整流电路的目的是(　　)。

A. 将交流变为直流

B. 将高频变为低频

C. 将正弦波变为方波

D. 将低频变为高频

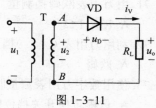

图 1-3-11

59. 单相桥式整流电路, 电容滤波后, 负载电阻 R_L 上平均电压为(　　)。

A. $0.45U_2$　　　B. $0.9U_2$　　　C. $1.2U_2$　　　D. $1.4U_2$

60. 图 1-3-12 所示电路为(　　)。

A. 桥式整流电容滤波电路

B. 桥式整流电感滤波电路

C. 桥式整流 LC-π 型滤波电路

D. 桥式整流 LC 滤波电路

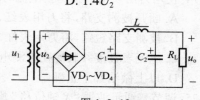

图 1-3-12

61. 串联型稳压电路中的放大环节所放大的对象是（　　）。
　　A. 基准电压　　　　　　　　　B. 采样电压
　　C. 基准电压与采样电压之差　　D. 基准电压与采样电压之和

62. 与稳压管稳压电路相比，串联型稳压电路的输出电压（　　）。
　　A. 稳定　　　　　B. 较高　　　　　C. 较低　　　　　D. 可调

63. 开关型直流稳压电路比线性稳压电路效率高的原因是（　　）。
　　A. 调整管工作在开关状态　　　　B. 调整管工作在放大状态
　　C. 输出端有 LC 滤波电路　　　　D. 可以不用电源变压器

64. 开关型稳压电路的组成主要包括开关调整管、滤波电路、脉冲调制电路、比较放大电路、基准电路和（　　）。
　　A. 采样电路　　　B. 保持电路　　　C. 积分电路　　　D. 微分电路

65. 扬声器的额定阻抗又称为标称阻抗，是指扬声器的（　　）。
　　A. 直流阻抗　　　B. 交流阻抗　　　C. 复合阻抗　　　D. 以上选项都正确

66. 下列符号中表示扬声器的是（　　）。

A.　　　　　B.　　　　　C. HA　　　　　D. 接地

67. 下面四个图形符号中，表示传声器的是（　　）。

A.　　　　　B.　　　　　C. HA　　　　　D.

68. 反映传声器声电转换过程中对频率失真的一个重要指标是（　　）。
　　A. 灵敏度　　　B. 输出阻抗　　　C. 频率响应　　　D. 指向特性

69. 无线电波在空间沿直线传播称为（　　）。
　　A. 空间波　　　B. 地面波　　　C. 天波　　　D. 直射波

70. 载波信号的幅度随调制信号幅度的变化而变化，形成的信号称为（　　）。
　　A. 调幅波　　　B. 调频波　　　C. 调相波　　　D. 检波

71. 用万用表欧姆挡测量二极管的好坏时，应把欧姆挡转到（　　）。
　　A. R×1Ω　　　B. R×10Ω　　　C. R×1kΩ　　　D. R×10kΩ

72. 利用万用表（　　）挡，可估测电解电容器的容量。
　　A. 欧姆　　　B. 电流　　　C. 直流电压　　　D. 交流电压

73. 使用数字万用表测量时，若显示屏显示"1"或"−1"时，表示（　　）。
　　A. 量程转换开关挡位错误　　　B. 被测量值超过最大指示值
　　C. 电池电压过低，需要更换新电池　　D. 万用表已坏

74. 使用万用表电流挡测量电流时，应将万用表串联在被测电路中，即测量时应（　　）。
　　A. 断开被测支路，将万用表红、黑表笔串接在被断开的两点之间
　　B. 被测支路短路，将万用表红、黑表笔串接在被短路的两点之间
　　C. 电流表直接并联接在被测电路中
　　D. 以上做法都不正确

75. 调节普通示波器"X 轴位移"旋钮可以改变光点在（　　）。

A. 垂直方向的幅度　　B. 水平方向的幅度　　C. 垂直方向的位置　　D. 水平方向的位置

76. 低频信号发生器是用来产生（　　）信号的信号源。

A. 标准方波　　　　　　B. 标准直流　　　　　　C. 标准高频正弦　　　　D. 标准低频正弦

77. 内热式电烙铁主要用于焊接（　　）的元器件。

A. 集成电路　　　　　　B. 多引脚　　　　　　　C. 引脚较粗　　　　　　D. 以上答案都正确

78. 在电子产品焊接中,常用松香作为（　　）。

A. 焊料　　　　　　　　B. 助焊剂　　　　　　　C. 阻焊剂　　　　　　　D. 清洗剂

79. 五步施焊法:准备、加热被焊工件、加焊锡、移去焊锡丝和（　　）。

A. 移开电烙铁　　　　　B. 移开焊件　　　　　　C. 离开工作台　　　　　D. 拔掉电源

80. 贴片元件是指（　　）、有焊端,外形为薄片矩形的表面组装元件。

A. 无引线　　　　　　　　　　　　　　　　　B. 引线很短

C. 无引线或引线很短　　　　　　　　　　　　D. 以上答案都不正确

81. 拆焊常用的工具有:吸锡电烙铁、热风枪、吸锡器和（　　）。

A. 助焊剂　　　　　　　B. 阻焊剂　　　　　　　C. 清洗剂　　　　　　　D. 镊子

82. CMOS 型器件属于电荷敏感元件,容易因静电而造成毁坏,因此在焊接 CMOS 型器件时要戴（　　）。

A. 白手套　　　　　　　B. 橡胶手套　　　　　　C. 防静电手环　　　　　D. 护目镜

二、多项选择题（请将正确选项的代号填入题内的括号中）

1. 在如图 1-3-13 所示的三个电路中,已知小灯泡的额定值是 6 V/50 mA,小灯泡不能正常发光的电路是（　　）。

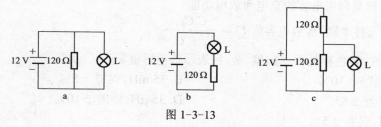

图 1-3-13

A. 图 a　　　　　　　　B. 图 b　　　　　　　　C. 图 a 和 b　　　　　　D. 图 c

E. 图 b 和 c

2. 电路如图 1-3-14 所示,已知 $I_1 = 4$ mA, $I_2 = 2$ mA, $R_1 = 10$ kΩ, $U_1 = 30$ V, $U_2 = 50$ V。则电阻 R_3 的电压 U_3 和方向为（　　）。

A. 70 V,参考方向上正下负

B. −70 V,参考方向上正下负

C. −70 V,实际方向上正下负

D. 70 V,实际方向上正下负

E. 70 V,实际方向与参考方向相同,即上正下负

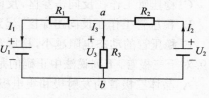

图 1-3-14

3. 电位是指某点到参考点间的电压降,下列说法中正确的有（　　）。

A. 某点电位的大小与参考点的选取有关

B. 某点电位的大小与参考点的选取无关

C. 电路中任意两点间的电压与参考点的选取无关

D. 电路中任意两点间的电压与参考点的选取有关

E. 电路中两点间的电压值是固定的

4. 在如图 1-3-15 所示电路中，下列说法正确的是（   ）。

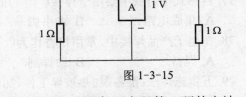

图 1-3-15

A. 元件 A 产生功率 4 W

B. 元件 A 消耗功率 4 W

C. 元件 A 消耗功率 −4 W

D. 元件 A 产生功率 −4 W

E. 元件 A 是电源，产生功率 4 W

5. 色标法是用不同颜色的色环来表示电阻器的阻值及偏差等级，确定色环电阻第一环的方法是（   ）。

A. 金色或银色不会出现在第一环

B. 最后一环通常与前四环的距离要大于前四环之间的距离

C. 最接近引出线的色环是最后一环

D. 最接近引出线的色环是第一环

E. 金色或银色一定出现在第一环

6. 对于电容元件，下列说法正确的是（   ）。

A. 电容 C 是反映电场储能性质的电路参数

B. 电容两端电压、电流取关联参考方向，二者之间的关系 $i = C\dfrac{\mathrm{d}u}{\mathrm{d}t}$

C. 电容器有通直流，隔交流的作用

D. 在一般的电子电路中，常用电容器来实现旁路、耦合、滤波、振荡、相移以及波形变换等，这些作用都是利用电容的充电和放电功能

E. 两个电容元件串联，等效电容为 $C = \dfrac{C_1 C_2}{C_1 + C_2}$

7. 有一电感元件，其色标是橙、绿、黑、金，则表示该电感值是（   ）。

A. 35 mH，误差 ±10%   B. 35 mH，误差 ±5%

C. 35 μH，误差 ±5%   D. 35 μH，误差 ±10%

E. 0.035 mH，误差 ±5%

8. 对于稳压管，下列说法中正确的是（   ）。

A. 稳压管是一种用特殊工艺制造的面接触型半导体硅二极管

B. 稳压管与普通二极管不同，它的反向击穿是可逆的，去掉反向电压，稳压管又恢复正常

C. 稳压管工作在反向击穿区，反向工作电压可以无限高

D. 稳压管工作在反向击穿区，起到稳定电压的作用

E. 稳压管的动态电阻越小，稳压管稳压性能越好

9. 对于三极管，下列说法中正确的是（   ）。

A. 晶体三极管的发射极和集电极可以调换使用

B. 可以用万用表的电阻挡 R×1k 或 R×100 判别三极管的管脚

C. 三极管工作在线性放大区，起到电压放大作用

D. 三极管工作在饱和区时，发射结和集电结都处于正向偏置

E. 三极管具有开关作用

10. 在 RLC 串联电路中，下列公式中正确的有（   ）。

A. $u = U_R + U_L + U_C$ B. $u = R_i + X_{Li} + X_{Ci}$

C. $\dot{U} = \dot{U}_R + \dot{U}_L + \dot{U}_C$ D. $U = U_R + U_L + U_C$

E. $\dot{U} = \dot{U}_R + j(\dot{U}_L - \dot{U}_C)$

11. 在 RLC 串联电路中,电路总复阻抗 $Z = R + jX_L - jX_C = R + j(X_L - X_C)$,则下列说法中正确的有(　　)。

A. 电路发生了串联谐振   B. 电路发生了并联谐振

C. 电感和电容无电压   D. 电路对外呈现电阻性

E. 电阻电压等于电源电压

12. 在电容器与线圈的并联电路中发生了并联谐振,关于电路特点的正确说法是(　　)。

A. 电路的阻抗值最大

B. 电路对电源呈现电阻的特性

C. 并联谐振也称电流谐振

D. 并联支路的电流近似相等,比总电流大许多倍

E. 并联谐振也称电压谐振

13. 一个振荡器要能够产生正弦波振荡,电路的组成必须包含(　　)。

A. 放大电路   B. 选频电路   C. 正反馈电路   D. 负反馈电路

E. 射极输出器

14. 下列说法正确的是(　　)。

A. 感应电动势是因为穿过闭合线圈的磁场强度发生变化而产生的,其方向符合右手定则

B. 磁动势的单位是安［培］(A)

C. 感应电动势是形成感应电流的必要条件,有感应电动势不一定存在感应电流,有感应电流一定存在感应电动势

D. 磁通或磁力线通过的闭合路径就称为磁路

E. 磁感应强度 B 是表示磁场内某点磁场强弱和方向的物理量,是一个矢量。与产生磁场的电流方向符合左手螺旋定则

15. 变压器的作用有(　　)。

A. 变换电压   B. 变换电流   C. 变换阻抗   D. 变换频率

E. 变换功率

16. 对于集成运算放大器,下列说法正确的有(　　)。

A. 集成运算放大器是一个高增益的直接耦合多级放大电路

B. 集成运算放大器的输入级一般采用差动放大电路,目的是有效抑制零点漂移和各种干扰信号

C. 集成运算放大器的输出级一般由互补对称电路或射极输出器组成,增强带负载能力

D. 集成运算放大器有一个输入端,两个输出端

E. 集成运算放大器有两个输入端,一个输出端

17. 放大电路设置静态工作点的目的是(　　)。

A. 提高放大能力   B. 避免非线性失真

C. 使放大器工作稳定   D. 获得合适的输入电阻和输出电阻

E. 三极管始终处于放大状态

18. 下列说法中正确的是(　　)。

A. 射极输出器是共集电极放大电路   B. 射极输出器是共发射极放大电路

C. 射极输出器无电压放大能力   D. 射极输出器是共基极放大电路

E. 射极输出器具有电流放大作用

19. 下列说法中正确的有（   ）。

A. 阻容耦合放大电路前、后级之间静态工作点 Q 相互无影响，只能放大交流信号

B. 直接耦合放大电路既可以放大直流信号，也可以放大交流信号

C. 变压器耦合主要用于放大电路的功率输出级，只能放大交流信号

D. 直接耦合放大电路只能放大直流信号

E. 变压器耦合放大电路既可以放大直流信号，也可以放大交流信号

20. 差动放大器可以采用（   ）接法。

A. 单端输入、单端输出   B. 单端输入、双端输出

C. 双端输入、双端输出   D. 双端输入、单端输出

E. 四端输入、四端输出

21. 放大电路采用负反馈后，下列说法不正确的是（   ）。

A. 放大能力提高了   B. 放大能力降低了   C. 通频带展宽了   D. 非线性失真减小了

E. 输入电阻增大、输出电阻减小

22. 功率放大电路与电压放大电路的区别是（   ）。

A. 前者比后者电源电压高

B. 前者比后者电压放大倍数数值大

C. 在电源电压相同的情况下，前者比后者的最大不失真输出电压大

D. 前者比后者效率高

E. 前者比后者输入电阻高

23. 下列说法中正确的有（   ）。

A. 增强型 NMOS 管的开启电压大于零   B. 增强型 NMOS 管的开启电压小于零

C. 场效应管靠两种载流子导电   D. 增强型 PMOS 管的开启电压小于零

E. 场效应管靠一种载流子导电

24. 把交流电变换为平滑而稳定的直流电的装置称为直流稳压电源。直流稳压电源通常由
（   ）组成。

A. 变压器   B. 整流电路   C. 放大电路   D. 滤波电路

E. 稳压电路

25. 下列说法中正确的有（   ）。

A. 电容滤波电路只适用于负载电流较小的场合

B. RC-π 型滤波电路主要适用于负载电流较小而又要求输出电压脉动很小的场合

C. LC 滤波电路带负载能力较强，在负载变化时，输出电压比较稳定

D. 在单相桥式整流电容滤波电路中，现测得变压器二次侧电压为 12 V。该电路正常工作
时，则负载两端的电压为 14.4 V

E. RC-π 型滤波电路主要适用于负载电流较大而又要求输出电压脉动很小的场合

26. 下列说法中正确的有（   ）。

A. 串联型直流稳压电路的稳压过程，实质上是通过引入串联电压负反馈来稳定输出电压
的大小

B. 串联型直流稳压电路的稳压过程,实质上是通过引入并联电压负反馈来稳定输出电压的大小

C. 串联型稳压电路中放大环节所放大的对象是基准电压与采样电压之和

D. 串联型稳压电路中放大环节所放大的对象是基准电压与采样电压之差

E. 常用的三端固定稳压器有 W7800 系列和 W7900 系列,型号中 78 表示输出为正电压值,79 表示输出为负电压值

27. 开关型稳压电路的组成主要包括滤波电路、脉冲调制电路、比较放大电路和(　　)。

　　A. 采样电路　　　　　B. 开关调整管　　　　C. 积分电路　　　　D. 基准电路

　　E. 保持电路

28. 用万用表测量二极管的极性和好坏时,可将万用表拨到(　　)。

　　A. 欧姆挡　　　　　　B. 直流电压挡　　　　C. R×100 挡　　　D. 交流电压挡

　　E. R×1k 挡

29. 关于数字万用表使用的说法中,正确的有(　　)。

　　A. 将电源开关置于"ON"位置,黑表笔插入"COM"插口,根据被测电量将红表笔插入相应的插口

　　B. 测量时黑表笔总是插入"COM"插口

　　C. 测量小于 200 mA 的电流时红表笔插入"mA"插孔

　　D. 测量交、直流电压和电阻时红表笔插入"V·W"插孔

　　E. 测量大于 200 mA 的电流时插入"10 A"插孔

30. 如果示波器荧光屏的光点太亮时,下列调节错误的是(　　)。

　　A. 调节聚焦旋钮　　　　　　　　　　　　B. 调节辉度旋钮

　　C. 调节 X 轴增幅旋钮　　　　　　　　　D. 调节 Y 轴增幅旋钮

　　E. 调节扫描范围

31. 下列说法中正确的有(　　)。

　　A. 低频信号发生器主要用于测试录音机放大器等音响设备

　　B. 高频信号发生器主要用于测试调频、调幅收音机电路

　　C. 低频信号发生器既可以产生正弦波,也可以产生脉冲波和三角波

　　D. 电视信号发生器主要用于测试电视设备及相关的产品

　　E. 高频信号发生器用于产生高频信号,其输出频率一般在几百千赫到几十兆赫,产生连续可调的高频等幅正弦波和调幅波

32. 拆除焊件的常用工具有(　　)。

　　A. 内热式电烙铁　　　B. 外热式电烙铁　　　C. 热风枪　　　　D. 恒温电烙铁

　　E. 吸锡电烙铁

33. 手工焊接是一项实践性很强的技能,手工焊接步骤通常有(　　)。

　　A. 二步施焊法　　　　B. 三步施焊法　　　　C. 五步施焊法　　　D. 四步施焊法

　　E. 直焊法

34. 焊接贴片元件需要的工具有(　　)。

　　A. 镊子　　　　　　　　　　　　　　　　B. 热风枪

　　C. 助焊剂、异丙基酒精等　　　　　　　　D. 细焊丝

　　E. 25 W 铜头内热式电烙铁

35. 拆焊的原则是(　　　)。
    A. 要尽量避免所拆卸的元器件因过热和机械损伤而损坏
    B. 拆焊印制电路板上的元器件时要避免印制焊盘和印制导线因过热和机械损伤而剥离或断裂
    C. 为避免所拆卸的元器件因过热而损坏,可以用电烙铁去撬焊接点或晃动元器件引脚,把元器件尽快取下
    D. 要避免电烙铁及其它工具烫伤或机械损伤周围其它元器件、导线等
    E. 拆焊时用热风枪对着元件的中心吹,可以节省时间

36. 拆焊常用的方法有(　　　)。
    A. 集中加热拆焊法　　B. 分点拆焊法　　　　C. 集中拆焊法　　　　D. 断线拆焊法
    E. 间断加热拆焊法

37. 维修环境安全是第一位的,是保证维修人员和设备安全的必要条件,因此要做到(　　　)。
    A. 在进行维修时,防止因静电而造成设备毁坏,因此在焊接 CMOS 型器件时要戴防静电手环
    B. 电烙铁要放在专用烙铁架上,遵守电烙铁使用规则,不能敲打、甩锡等
    C. 工作台面、地面要有绝缘橡胶,维修人员要按规定穿戴工作服和绝缘性良好的鞋子
    D. 维修工具、仪器仪表等的摆放应整齐有序,方便维修人员取用
    E. 安全用电,示波器、信号发生器等仪器设备必须良好接地

38. 万用表使用完毕,应将转换开关旋至(　　　)。
    A. 空挡　　　　　　　　　　　　　　B. 交流电压最高挡位
    C. 直流电压最高挡位　　　　　　　　D. 电阻挡
    E. 直流电流最高挡位

39. 在维修过程中避免操作不当,扩大故障范围,确保维修人员的人身安全,应注意的事项有(　　　)。
    A. 在交流市电和待修设备电源输入端之间加一个 1:1 的隔离变压器
    B. 检修人员应穿绝缘性良好的鞋子
    C. 焊接过程中所用的电烙铁等发热工具不能随意摆放,以免发生烫伤或酿成火灾
    D. 取出线路板进行测量时,要注意线路板的放置位置,必要时可用纸板进行隔离
    E. 拆焊操作时,热风枪温度不能过高

40. 在维修家用电子产品时要遵守维修仪器的使用规则,下列说法中正确的有(　　　)。
    A. 示波器、信号发生器等仪器设备必须良好接地
    B. 测量电路元件电阻值时,必须断开被测电路的电源
    C. 用万用表测量电压和电流时,可以带电转动转换开关
    D. 毫伏表在通电前或测量完毕时,量程开关应转至最低挡位
    E. 示波器显示波形时,亮度应适中,中途暂时不用时应调低亮度

41. 消费者和经营者发生消费者权益争议的,解决问题的途径有(　　　)。
    A. 与经营者协商和解
    B. 请求消费者协会调解
    C. 根据与经营者达成的仲裁协议提请仲裁机构仲裁
    D. 向有关部门申诉
    E. 向人民法院提起诉讼

42. 根据《中华人民共和国消费者权益保护法》规定,经营者的义务有(　　　)。
    A. 保障消费者人身安全的义务　　　　　　B. 提供真实信息的义务
    C. 出具单据的义务　　　　　　　　　　　D. 三包的义务
    E. 标明真实名称和标记的义务

43. 经营者不执行政府定价、政府指导价以及法定价格干预措施、紧急措施的(　　　)。
    A. 责令改正　　　　　　　　　　　　　　B. 没收违法所得
    C. 可以并处违法所得五倍以下的罚款　　　D. 没有违法所得的,可以处以罚款
    E. 情节严重,责令停业整顿

44. 下列属于经营者的不正当价格行为的是(　　　)。
    A. 相互串通、操纵市场价格
    B. 在依法降价处理鲜活商品、季节性商品、积压商品等商品外,为了排挤竞争对手或独占市场,以低于成本的价格倾销,或违法牟取暴利的
    C. 捏造、散布涨价信息,哄抬价格,推动商品价格过高上涨的
    D. 利用虚假的或使人误解的价格手段,诱骗消费者交易的
    E. 提供相同商品或服务,对具有同等交易条件的其他经营者实行价格歧视,或采取抬高等级或者压低等级等手段收购、销售商品或者提供服务,变相提高或压低价格的

45. 劳动合同中必备的条款有(　　　)。
    A. 工作内容和工作地点　　　　　　　　　B. 工作时间和休息休假
    C. 劳动纪律　　　　　　　　　　　　　　D. 社会保险
    E. 劳动保护、劳动条件和职业危害防护

46. 用人单位有以下(　　　)情形之一,劳动者可以随时解除劳动合同。
    A. 未按照劳动合同约定提供劳动保护或者劳动条件的
    B. 未及时足额支付劳动报酬的
    C. 未依法为劳动者缴纳社会保险费的
    D. 用人单位的规章制度违反法律、法规的规定,损害劳动者权益的
    E. 用人单位以暴力、威胁或者非法限制人身自由的手段强迫劳动者劳动的

三、判断题(对的画"√",错的画"×")

(　　　)1. 基尔霍夫定律阐明了电路中电流、电压遵循的约束关系,与元件的性质无关,适用于任何集中电路,是分析和计算电路的基本依据之一。

(　　　)2. 电阻器参数表示方法有:直标法、数字符号法和色标法。色标法还分四色环标法和五色环标法两种。

(　　　)3. 已知有两个电容,$C_1 = 33\ \mu F$, $C_2 = 47\ \mu F$,其串联后等效电容约为 $19.4\ \mu F$。

(　　　)4. 电路产生并联谐振时,通过电感或电容支路的电流是总电流的 Q 倍,所以并联谐振又称为电流谐振。并联谐振不具有选频作用。

(　　　)5. 在变压器的原、副绕组中,当主磁通交变时,感应出的电动势有一定的方向,即当原绕组的某一端点的瞬时电位为正时,同时在副绕组也必然有一电位为正的对应端点,这两个电动势极性相同的端点称为同名端或同极性端。

(　　　)6. 共模抑制比 K_{CMRR} 定义为差模电压放大倍数与共模电压放大倍数之比,即 $K_{\text{CMRR}} = \dfrac{A_d}{A_c}$。显然,共模抑制比越大,差动放大电路对差模信号的放大能力越强,对零点漂移

的抑制能力越弱。

（　　）7. 在变压器副边电压和负载电阻相同的情况下，桥式整流电路的输出电流是半波整流电路输出电流的 2 倍。因此，它们的整流管的平均电流比值为 2∶1。

（　　）8. 高频信号发生器可以产生连续可调的等幅正弦波和调幅波高频信号，其输出频率一般在几百千赫到几十兆赫。

（　　）9. 调节烙铁头的位置，即调节烙铁头与烙铁芯的相对位置，即可调节普通电烙铁的焊接温度。将烙铁头往外移，可使电烙铁的焊接温度上升；而将烙铁头往里移，可使电烙铁的焊接温度下降。

（　　）10. 保护消费者的合法权益是全社会的共同责任。国家鼓励、支持一切组织和个人对损害消费者合法权益的行为进行社会监督。大众传播媒介应当做好维护消费者合法权益的宣传，对损害消费者合法权益的行为进行舆论监督。

（　　）11. 直接耦合多级放大电路各级的静态工作点 Q 相互影响，只能放大直流信号。

（　　）12. 现测得两个共射极放大电路空载时的电压放大倍数均为 −100，将它们连成两级放大电路，其电压放大倍数为 10 000。

（　　）13. 差动放大电路的差模信号是两个输入端信号的差，共模信号是两个输入端信号的和。

（　　）14. 射极输出器是串联电压负反馈。

（　　）15. 从输入端看，根据反馈信号接入输入端的方式不同，分为电压反馈和电流反馈。

（　　）16. 功率放大电路的最大输出功率是指在基本不失真的情况下，负载上可能获得的最大交流功率。

（　　）17. 在功率放大电路中，输出功率愈大，功放管的功耗愈大。

（　　）18. 低频跨导 g_m 反映了栅极电压对漏极电流的控制作用。g_m 值越大，控制能力越强。

（　　）19. 晶体场效应管是电压控制型器件，它是利用输入电压产生的电场效应来控制输出电压的。

（　　）20. 整流电路将变压器输出的交流电变换为单方向变化的脉动直流电。

（　　）21. 电容滤波电路只适用于负载电流较小的场合。

（　　）22. RC-π 型滤波电路主要适用于负载电流较小而又要求输出电压脉动很小的场合。

（　　）23. 贴片元件由于无引线或引线很短，因此常用的焊接工具是热风枪和 25 W 铜头外热式电烙铁。

（　　）24. 在稳压管稳压电路中，稳压管的最大稳定电流必须大于最大负载电流。

（　　）25. 在开关型稳压电路中，调整管工作在开关（饱和、截止）状态，通过控制调整管的饱和导通和截止时间，来改变输出电压的大小。

（　　）26. 脉冲宽度调制式开关稳压电源是在保持调整管的周期 T 不变的情况下，通过改变调整管导通时间来调节脉冲占空比，从而实现稳压的。

（　　）27. 可以用万用表的电阻挡或电流挡测电压。

（　　）28. 对于模拟式万用表，在测量较高的电压时，如果预先不知电压的种类，可将量程选择开关置于直流电压最高挡，测量时指针有偏转者为直流电压，指示无偏转者为交流电压。

（　　）29. 使用数字万用表测量完毕，应将功能开关置于交流电压最大量程挡，电源开关置于"OFF"位置。

（　　）30. 使用万用表电流挡测量电流时，应将万用表串联在被测电路中，测量时，应断开被测支路，将万用表红、黑表笔串接在被断开的两点之间。特别应注意电流表不能并联接在被测电路中,这样做是很危险的。

(　　) 31. 示波器面板上的辉度调整旋钮是用来调整所显示图形亮度的。

(　　) 32. 示波器是一种可以显示各种电信号波形的电子仪器,可以测量电压或电流的幅度、频率,但不能测量相位。

(　　) 33. 焊料是一种熔点低于被焊金属,在被焊金属不熔化的条件下,能润湿被焊金属表面,并在接触面处形成合金层的物质。

(　　) 34. 焊锡桥是指在烙铁上保留少量焊锡作为加热时烙铁头与焊件之间传热的桥梁。

▶ 参考答案

一、单项选择题

1. D	2. B	3. C	4. C	5. A	6. D	7. A	8. B	9. D	10. C
11. B	12. C	13. D	14. C	15. B	16. B	17. C	18. C	19. C	20. B
21. C	22. A	23. A	24. D	25. A	26. A	27. B	28. C	29. C	30. A
31. D	32. D	33. C	34. A	35. A	36. B	37. B	38. A	39. C	40. A
41. C	42. C	43. B	44. D	45. D	46. D	47. A	48. C	49. C	50. C
51. A	52. A	53. A	54. B	55. C	56. B	57. A	58. A	59. C	60. C
61. C	62. D	63. C	64. C	65. B	66. A	67. B	68. C	69. A	70. A
71. C	72. A	73. B	74. A	75. D	76. D	77. A	78. B	79. A	80. C
81. D	82. C								

二、多项选择题

1. AD	2. ADE	3. ACE	4. ACE	5. ABD
6. ABDE	7. CE	8. ABDE	9. BDE	10. ABCE
11. ADE	12. ABCD	13. ABC	14. BCD	15. ABC
16. ABCE	17. BE	18. AE	19. ABC	20. ABCD
21. AE	22. CE	23. ADE	24. ABDE	25. ABCD
26. ADE	27. ABD	28. CE	29. ABCDE	30. ACDE
31. ABCDE	32. CE	33. BC	34. ABCDE	35. ABD
36. BCDE	37. ABCDE	38. AB	39. ABCDE	40. ABE
41. ABCDE	42. ABCDE	43. ABCDE	44. ABCDE	45. ABDE
46. ABCDE				

三、判断题

1. √	2. √	3. √	4. ×	5. √	6. ×	7. ×	8. √	9. ×	10. √
11. ×	12. ×	13. √	14. √	15. ×	16. √	17. ×	18. √	19. ×	20. √
21. √	22. ×	23. ×	24. ×	25. √	26. √	27. ×	28. √	29. √	30. √
31. √	32. ×	33. √	34. √						

第三单元　维修电视机

学习目标

（1）掌握多制式、多功能数字化电视机的整机构成及结构特点。
（2）能够按照多制式、多功能数字化电视机的电原理图进行检查。
（3）能够对多制式、多功能数字化电视机进行故障定位和诊断。
（4）能够对多制式、多功能数字化电视机进行维修。
（5）能够对多制式、多功能数字化电视机进行调试。

考核要点

考核类别	考核范围	考 核 点	重要程度
多功能、多制式数字化电视机的维修	多功能、多制式数字化电视机的故障分析、诊断和检修	多功能、多制式数字化电视机的整机构成和结构特点	★★★
		多功能、多制式数字化电视机的故障现象分析	★★★
		多功能、多制式数字化电视机的常见故障现象	★★★
		根据多功能、多制式数字化电视机的故障现象进行定位	★★★
		总线控制 I^2C 方式的电路结构和工作原理	★★★
		对总线控制 I^2C 电路故障进行分析	★★★
		对总线控制 I^2C 电路故障进行检修	★★★
		多制式数字化电视机接收电路的结构和工作原理	★★★
		对多制式数字化电视机接收电路的故障进行分析定位	★★★
		对多制式数字化电视机接收电路的故障进行检修	★★★
		常见的多制式数字化电视机解码电路故障	★★★
		对多制式数字化电视机解码电路的故障进行分析	★★★
		对多制式数字化电视机解码电路的故障进行定位	★★★
		数字化扫描电路的结构特点和工作原理	★★★
		对扫描系统的故障进行分析和定位	★★★
		对扫描系统的故障进行检修	★★★
		电源电路的基本结构和工作原理	★★★
		对电源电路的故障进行分析和定位	★★★
		对电源电路的故障进行检修	★★★
		电视隔行扫描电路的结构和工作原理	★★★
		电视隔行扫描电路故障现象的分析和定位	★★★
		电视隔行扫描电路故障的检修方法	★★★
		电视逐行扫描电路的结构	★★★
		数字化电视扫描、选台常见的故障现象	★★★

续表

考核类别	考核范围	考 核 点	重要程度
多功能、多制式 数字化电视机的维修	多功能、多制式 数字化电视机的故障 分析、诊断和检修	数字化电视逐行扫描常见故障现象的定位和分析	★★★
		彩色解码故障现象的定位	★★★
		信号采样和量化的基础知识	★★★
		I²C 总线的数据传输格式	★★★
		数字化电视机接收电路中音频信号处理电路的功能	★★★
		数字化电视机接收电路中视频信号处理电路的结构	★★
		行扫描信号的数字化处理电路结构	★★
		场扫描信号的数字化处理	★★★
		解码电路的亮度信号处理电路结构	★★★
		彩色电视信号解码器分类和工作原理	★★★
		电视接收机结构调谐器模块基本知识	★★★
		行扫描标准的基本知识	★★
		场扫描功能的基本知识	★★★
		轮廓校正电路的工作原理	★★
		NTSC 制彩色电视信号解码器的工作原理	★★
		PAL 制彩色电视信号解码器的工作原理	★★★
		SECAM 制彩色电视信号解码器的工作原理	★★★
		整流电路的工作原理	★★★
		A/D 转换原理	★★★
		轮廓校正电路	★
		电视制式与解码电路原理	★★
		电视解码器的工作原理	★★★
		电视制式的基础知识	★★★
		PWM 法工作原理	★★★
		A/D 转换基本原理	★★
		I²C 总线基础知识	★★
		视频放大器的带宽补偿方法	★★
		图像伴音等单元电路工作电源电路基础知识	★★
		枕形失真现象及检修	★
		彩色电视机的场扫描电路功能	★
		I²C 总线的功能	★
	多功能、多制式 数字化电视机的调试	数字化电视机的软件调整要点	★★★
		电脑串口的相关知识	★★★
		数字化电视机的存储数据进行拷贝的方法	★★★
		数字化电视机的程序软件进行拷贝的方法	★★★
		数字化电视机进行软件调整的基本步骤	★★★

考核类别	考核范围	考 核 点	重要程度
多功能、多制式数字化电视机的维修	多功能、多制式数字化电视机的调试	数字化电视机进行软件升级的方法	★★★
		进入维修模式的方法	★★
		数字化电视机进行软件升级中电源的处置方法	★★★
		电视机与电脑连接的方法	★★★
		电视机的软件和数据的存储方法	★★★
		数字化电视机进行软件升级时出现等待超时的处理方法	★
		数字化电视机进行软件升级失败的处理方法	★★

考点导航

一、多制式、多功能数字化电视机的故障分析、诊断和维修

1. 新型电路

（1）高中频电路。

高频和中频通道的功能是接收高频信号并送出彩色全电视信号和伴音信号。由电视天线接收进来的高频信号经高频调谐器选择频道和混频后变成中频信号进入中频放大器。彩色电视机中频放大器的通频带要比黑白电视机略宽些，并且其特性曲线顶部不平度要小于 1 dB，这是由于在彩色电视信号频带的高频区域有色度信号存在，为了保证彩色图像的质量和彩色的稳定，彩色副载波 4.43 MHz 处的电平不能太小。放大后的中频信号分两路输出：一路由视频检波器检波成彩色全电视信号；另一路是在视频检波前利用伴音检波二极管和 6.5 MHz 中频带通滤波器得到的伴音中频载波信号。此信号进入伴音通道，再经数级伴音中频放大、限幅和鉴频，产生音频信号，最后由低频放大器进行放大，送到扬声器发出电视伴音。由于图像中的彩色信息是用 4.43 MHz 的彩色副载波来传送的，这种彩色信号插在亮度信号当中，所以在检波的过程中，彩色副载波可能会与伴音载波差拍，以致在亮度放大电路中产生 2.07 MHz 的声-色差拍干扰信号。为了克服这种干扰，在彩色电视机的中频放大和视频检波电路中，要把伴音载波电平衰减至图像载波电平的 −50 dB 以下。

（2）视频处理电路。

从中频信号检出的图像信号电压一般在 1.2 V 峰-峰值，用它直接来调制彩色显像管的调制极是不能得到足够对比度的，为了供给显像管足够的信号电压，必须要有 50～100 倍（34～40 dB）增益的放大器。在彩色电视机中一般采用三至五级直流耦合放大器。在 Y 通道通用电路里，除了把图像信号分送给同步电路、带通放大电路以外，还附加有亮度控制电路、对比度控制电路、自动清晰度控制（ARC）电路、亮度信号的延时电路和消隐电路等。

（3）伴音处理电路。

彩色电视机的伴音电路在结构上基本和黑白电视机的相同，但是在彩色电视机中，为了克服色度中频和伴音中频的差拍干扰，通常用单独的检波电路检出伴音内载波信号。为了抑制差拍干扰，彩色电视机在中频输入电路中还加有双桥式 T 型陷波器，使伴音载波的衰减量大于 50 dB。图像中频信号和伴音中频由中放的集电极经耦合电容，由检波二极管输出 6.5 MHz 的第二伴音中频信号，再经滤波器滤掉混频后的中频及高次谐波，进入谐振回路，提供伴音中

放输入电压。经过两级中频放大器放大和限幅器限幅后,由第三中频放大器放大,再经比例鉴频器解调出音频信号。

音频放大器采用两个三极管直接耦合,以减少交连电容损失。并且从发射极到基极加有负反馈,从而改善了音质。音频信号经音频变压器输出。

（4）扫描电路。

扫描系统是形成光栅极其重要的组成部分,在彩色电视机中,为了使三枪三束显像管的电子束很好地汇聚,扫描系统还提供行、场汇聚电压加到汇聚系统。此外,为了校正光栅的枕形畸变,扫描系统还设有垂直、水平枕形校正电路。全机的低压也是从行输出变压器取出行逆程脉冲,经整流而得到的。

（5）系统控制电路。

上述各种信号的数字化处理电路即信号的各种变化,均是在中央控制系统统一指挥下进行的。中央控制系统实际上是一个专用单片微型计算机系统,一般为8位微处理机,有中央处理系统（CPU）、时钟信号发生器及容量较大的电容。

（6）电源电路。

在电视机中,电源电路是整机的能源供给中心,若电源电路不能正常工作,则整机将失去正常工作的基本条件,许多检测项目都无法进行,维修工作也无法开展。因此,迅速排除电源电路的故障是整个维修工作进程中关键性的第一步。而彩色电视机的电源一般采用开关型稳压电源。

开关型稳压电源电路主要由整流电路、滤波电路、开关振荡电路（开关调整管）、控制电路、储能电路、脉冲整流滤波和取样电路等组成。彩色电视机的一般电源电路结构简图如图 1-3-16 所示。其中各部分的作用简述如下:

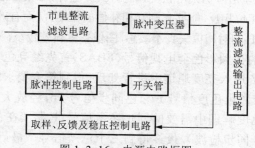

图 1-3-16　电源电路框图

（1）整流电路:整流电路的作用是将 220 V 交流电变为脉动的直流电压。

（2）滤波电路:滤波电路的作用是将脉动的直流电压变为 300 V 左右的直流电压。

（3）开关调整管:开关调整管（振荡管）的作用是将直流电压变换为高频脉冲电压。

（4）储能电路:储能电路的作用是将高频脉冲电压转化为磁场能量。

（5）脉冲滤波电路:脉冲滤波电路的作用是将磁场能量转化为电场能量,形成直流电压,为负载供电。

（6）取样电路:取样电路的作用是将输出端的变化电压与基准电压进行比较,得到误差电压,放大后送到控制电路。

（7）控制电路:控制电路的作用是将取样电路送来的误差电压变化为控制信号,去控制开关调整管的导通与截止时间,从而使输出电压稳定。

2. 新型彩色显像管

彩色显像管是彩色电视接收机的心脏,它与黑白显像管有明显的区别。送到黑白显像管控制极的只有亮度信号,调制电子束的强弱,从而在荧光屏上发出亮暗不同的黑白图像。在彩色显像管中有三个电子束,同时荧光屏上还有分别能发出三种基色光的荧光粉,并由三基色信号分别控制显像管三个相对应的电子束,使其各自轰击到相应的荧光粉上,发出不同的基色光,三种基色光在空间相加混色,构成彩色图像。

3. 彩色多制式接收和伴音多制式接收

无线电波在传送过程中首先需要进行调制,把视频和音频信号加到要传送的高频信号上,调制的方法不同,接收时解调就不同,调制方法就是所说的制式。

彩色电视制式即在发送端将三基色信号进行编码,变换成一个彩色全电视信号后,再通过单一通道传送出去。而在接收端需要对彩色全电视信号进行解码,重新恢复为三个基色信号加到彩色显像管上,重现彩色图像。三个基色信号在传送过程中的组合方式叫彩色电视制式,包括 NTSC 制、PAL 制和 SECAM 制。

NTSC 制也叫正交平衡调幅制,是用代表图像色度的两个色差信号,分别对频率相同、相位相差 90° 的彩色副载波进行抑制载波调幅,然后与亮度信号进行频谱交错。

SECAM 制也称行轮换调频制,该制式是将两个色差信号逐行轮换地对彩色副载波进行行调频。

PAL 制是 1962 年德国德律风根(Telefunken)公司研制成功的兼容制彩色电视制式,PAL 是逐行倒相(Phase Alternation Line)的英文缩写。目前使用 PAL 制的国家有德国、中国、英国及西欧一些国家。

PAL 制与 NTSC 制电视信号中传送色度信号的主要区别是对 R-Y 色差信号采用逐行倒相的调制方式,而另一个色差信号仍采用正交调制方式。这样,如果在信号传输过程中发生相位失真,由于相邻两行信号的相位相反,能够起到互相补偿的作用,从而有效地克服了因相位失真而引起的色彩变化。因此,PAL 制对相位失真不敏感,图像彩色误差较小,与黑白电视的兼容也好。

来自前级视频检波的视频彩色全电视信号(FBAS)首先经亮色分离电路分离出亮度信号 Y 与色度信号 F。信号 Y 进入亮度通道中进行处理,得到符合要求的信号 Y。信号 F 进入色度通道,在色度通道中分离出色度信号 F 和色同步信号 Fb,经放大后分两路:Fb 送往色副载波恢复电路,用以恢复色度解调中需要的同步参考信号;F 继续在色度通道中进行延迟解调(梳状滤波)和同步解调(同步检波),最终得到三个色差信号。最后,通过基色矩阵电路将亮度信号和三个色差信号还原成红、绿、蓝三基色信号,经过末级视频放大后,送至显像管的三个阴极,重现彩色图像。

与 NTSC 制相比较,PAL 制有下列优点:

(1)对相位失真(包括微分相位失真)不敏感。PAL 制能容许的整个系统的色度信号最大相位失真比 NTSC 制大得多,当相位失真达到 ±40° 时也不产生色调失真。因此,对传输设备和接收机的技术指标要求,PAL 制比 NTSC 制低。

(2)抗多径接收性能好。

(3)对色度信号的正交失真不敏感,并且对色度信号部分抑制边带而引起的失真也不敏感。

(4)接收机中采用梳状滤波器,可使亮度串色的幅度下降,并且可以提高彩色信噪比。

4. 电原理图

局部电路数字化彩色电视机的基本组成电路框图如图 1-3-17 所示。

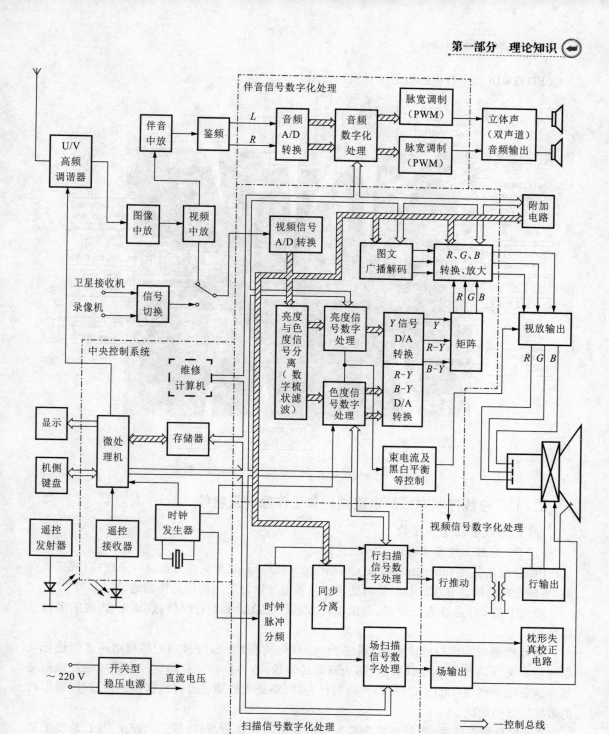

图 1-3-17 多制式、多功能数字化彩色电视机的基本组成电路简化框图

LED32K16 型平板电视机的主板实物如图 1-3-18 所示。

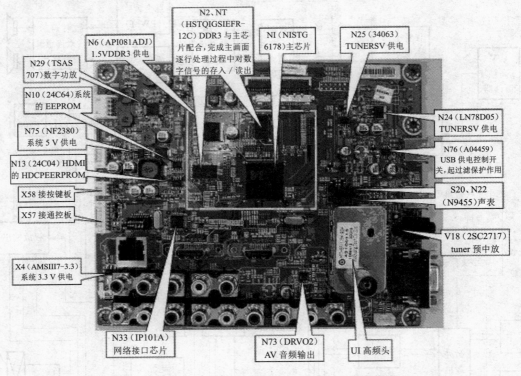

图 1-3-18　LED32K16 型平板电视机的主板实物图

二、I2C 总线控制方式的电路结构和工作原理及检修

1. I^2C 总线系统基本结构

（1）I^2C 总线系统基本组成。

I^2C 总线是英文 Inter-Integrated Circuit BUS 的缩写，其意为集成电路间总线或外部（或内部）集成电路总线。总线（BUS）是微处理器与各部分电路之间的信息传输通道。

彩电中的 I^2C 总线为二线式，是由串行数据线（SDA）和串行时钟线（SCL）构成的串行总线结构。

微处理器作为主控集成电路，通过 I^2C 总线与具有 I^2C 总线接口的被控电路之间进行数据通信和交换。通常，SDA（数据线）为双向传输线，各种控制信息和受控电路中的反馈信息都在这条线上传递；SCL（时钟线）为单向传输线，微处理器通过时钟线提供时钟信号，对以前的数据进行初始化。

在 I^2C 总线系统中，微处理器决定着信息传送的对象、方向和传送的起止。I^2C 总线上的其他电路作为微处理器的受控器，各自有其不同的、单一的地址。虽然它们也具有处理数据的能力，但在数据传送过程中，只能工作在被控发送或被控接收的状态，即每读到一个从微处理器发送来的正确数据，都要在数据线上给微处理器回送一个应答信号。

在 I^2C 总线系统中，存储器（静态 RAM 或 EEPROM、E^2PROM）通常与微处理器配合使用，工作在被控发送或被控接收状态。存储器除了要存储关机前最后一次使用时接收的数据，以供下次开机时微处理器进行正常操作和控制使用外，还要存储正常工作时各受控电路的调整数据及电路状态设置的数据等。在彩电的生产过程中,调整数据和状态设置数据存储在存储器集成电路中,开机使用时这些数据会自动调入控制系统。

(2) I^2C 总线控制的特点。

I^2C 总线电路结构简单,可靠性强,程序编写方便,有充分的硬件支持和由生产厂家提供的一整套总线状态处理软件包,易于实现用户系统软硬件的模块化、标准化、规范化,设计主动灵活,便于产品功能的升级换代。

(3) I^2C 总线接口电路的结构(见图 1-3-19)。

I^2C 总线只有两根信号线,一根是数据线 SDA,另一根是时钟线 SCL。所有进入 I^2C 总线系统中的器件都带有 I^2C 总线接口,符合 I^2C 总线电气规范的特性;而且采用纯软件寻址方法,无须器件片选线的连接。CPU 不仅能通过指令将某个功能器件挂靠或摘离总线,还可对其工作状况进行检测,从而实现对硬件系统既简单又灵活地扩展与控制。各器件供电可不同,但需共地。另外,SDA、SCL 需分别接上拉电阻。

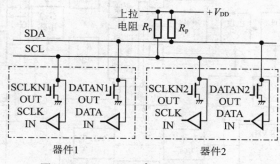

图 1-3-19 器件与 I^2C 总线接口

2. I^2C 总线的数据传送

I^2C 总线数据传输时必须遵循规定的数据传送格式,如图 1-3-20 所示为一次完整的数据传送格式。启动信号表明一次传送的开始,其后为寻址字节,该寻址字节由最高 7 位地址和最低 1 位方向位组成:方向位为"0"表明写操作,"1"表明读操作;在寻址字节后是由方向位指定读、写操作的数据字节与应答位;在数据传送完成后为停止信号。在"启动"与"停止"之间传送的数据字节数从理论上来说没有限制,但每个字节必须为 8 位,而且每个传送的字节后面必须跟一个应答位。

当 SCL 为高电平时,SDA 由高电平跳变为低电平,定义为启动信号;当 SCL 为低电平时,SDA 由低电平跳变为高电平,定义为停止信号。

在 SCL 为高电平时,SDA 上数据需保持稳定方被认为有效;只有在 SCL 为低电平时,才允许 SDA 电平状态变化。

竞争发生时的时钟同步如图 1-3-21 所示。

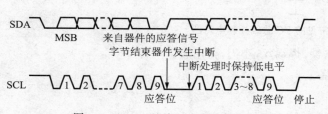

图 1-3-20 I^2C 总线一次完整的数据传送

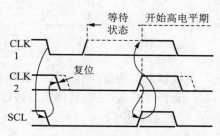

图 1-3-21 竞争发生时的时钟同步

3. 检修 I²C 总线控制电路故障

I²C 总线电路形式及控制方式均与普通彩电的系统控制电路不同,故检修采用 I²C 总线的彩电故障时,特别是检修 I²C 总线自身故障时,不能照搬普通彩电的故障检修方法,而应针对不同的 I²C 总线故障现象,灵活地选择是从硬件方面进行检修还是从软件方面着手检修,以免事倍功半。

（1）操作准备。

多制式、多功能数字化电视机的 I²C 总线控制电路方框图如图 1-3-22 所示。

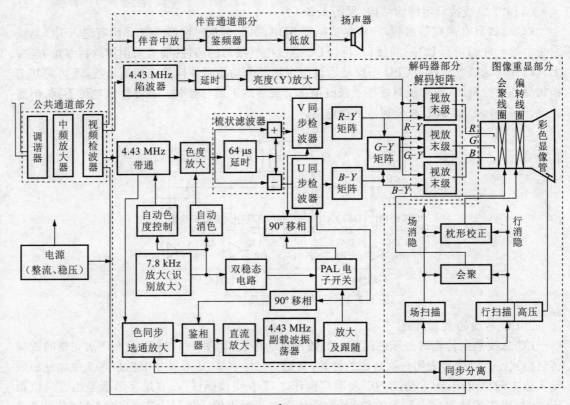

图 1-3-22　I²C 总线控制电路

常见的 I²C 总线控制电路如图 1-3-23 所示。

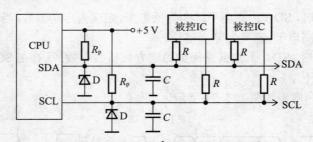

图 1-3-23　常见的 I²C 总线控制电路图

检修工具准备:螺丝刀(一套),电烙铁,焊锡丝,小刀,万用表。

元器件准备:根据具体机型进行准备。

（2）操作步骤。

① 故障分析和定位。

以 H97B 机芯总线故障为例说明造成故障的原因。在 91B 机芯中,当 I^2C 总线电压低时,通常采用的方法是断开 QA02 和 QA12 的 E 极,测量 E 极电压,若电压仍低,则应检查 QA02、QA12 外围及 CPU、存储块(除 TA8783N)的 I^2C 总线端,直到总线电压恢复至 5 V,即为故障所在。而在 H97B 机芯中,由于某种原因,I^2C 总线异常,CPU 无法控制各集成块的工作,因而无法正确收到各集成块,尤其是 TA8880 的返回信息,将使 CPU 认为整机电路存在问题,从而进行保护性措施,内部控制 POWER 输出关机电平,但马上又重新开机,进行 I^2C 总线的重新检测。若 CPU 数据总线仍没有收到正确的信息,CPU 将再次发出关机指令,如此反复,造成了该机芯电视机特有的光栅不断一闪一灭故障。由以上的分析可知,在维修 H97B 机芯时,断开 VQA13 和 VQA14 的 E 极,也就切断了 CPU 和各集成块之间的总线传输,即使是正常的机器也会出现一闪一灭的现象。

维修方法是当断开这两个三极管的 E 极后,开机若测得这两个三极管 C 极电压不足 3 V,或机器没有光栅一闪一灭的现象,应检修 CPU 及存储块等电路,若测得 C 极电压在 3～4.5 V 摆动,则充分说明了三极管 C 极前的 I^2C 总线电路,尤其是 CPU 的工作是正常的。

负载电路的检修方法同 91B 机芯基本相同,可逐个断开 I^2C 总线上连接的各集成块(TA8880 除外)的总线端,直到 I^2C 总线电压恢复正常为止,并检修相应的故障电路,最终排除故障。

② 检修过程。

步骤 1:首先测量整机各主要工作电压,发现工作电压并没有在 CPU 发出短暂开机电平时跳变到 12 V。由于 12 V 是各集成块的主要工作电压,该电压不正常,必将使各个集成块不能正常工作,从而引起总线控制异常,出现了光栅一闪一灭的现象。

步骤 2:测 VDD408 整流输出端在开机瞬间时能跳变到 14 V,而经 N408 后只有 3 V 左右的输出。

步骤 3:断开后级,电压恢复 12 V 供电后,工作电压恢复正常。

步骤 4:更换中放模板。

步骤 5:开机故障排除。

三、多制式数字化电视机接收电路的故障及维修

1. 局部电路数字化彩色电视接收机的组成

局部电路数字化彩色电视接收机的组成如图 1-3-24 所示。

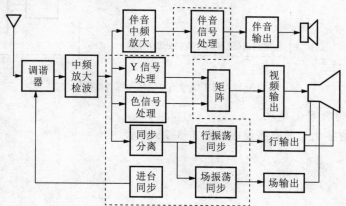

图 1-3-24　数字化彩色电视接收机结构示意图

数字电视信号接收机由于使用不同的传输信道而分为卫星、有线和地面广播三种不同的类型。它们在系统的视频、音频和数据的解复用及信源解码方面都是相同的。三种数字电视信号接收机的主要区别在调谐、解调和信道解码方面。目前流行的做法是将调谐器、频率合成器以及数字解调和信道解码器等做在一起，做成一体化调谐解调解码器，并用金属壳屏蔽起来，形成独立的通用组件，常称为数字调谐器、DYV 调谐器或数模一体机。

2. 音频信号的数字化处理

在数字电视系统中，信源端产生数字声像及数据等信号，并将其传送出去，这是实现数字电视完整体系的基础，也是声像得以高质量恢复的关键。目前的数字摄像机还不能通过电荷耦合器件（CCD）直接把光信号转变为数字信号，因为 CCD 输出的模拟信号很小，必须经过放大后进行模数转换（A/D 转换）才能得到数字信号。

就目前而言，数字电视信号并非都是通过数字摄像机得来的。将模拟视频信号转换为数字信号，实现高质量的数字视频信号甚至 HDTV 应用中的操作信号是最常用的技术之一。采样、量化及编码是模拟信号数字化的基本过程。

A/D 转换器的功能是把模拟信号转换成数字信号，这包括三个过程：取样、量化和编码。经取样、量化、编码所得到的数字信号即为 PCM 信号。

3. 视频信号的数字化处理

视频信号的数字化处理过程如图 1-3-25 所示。

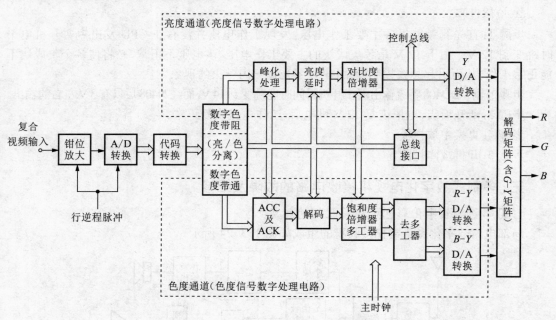

图 1-3-25 视频信号的数字化处理过程框图

4. 扫描信号的数字化处理

扫描信号的数字化处理电路组成如图 1-3-26 所示。

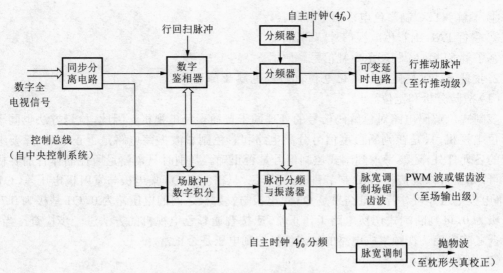

图 1-3-26　扫描信号的数字化处理框图

5. 技能要求：多制式数字化电视机接收电路的故障定位及维修

（1）操作准备。

① 多制式数字化电视机总体框图。

② 多制式数字化电视机接收电路电路图。

③ 各种常见的操作工具。

（2）操作步骤。

步骤 1：根据故障现象，定位故障点（电路模块）。

步骤 2：检修开始，测量相关电压等值，与正常值比较。

步骤 3：检查外围元件，测量是否有损坏。

步骤 4：如果有元件损坏，更换损坏元件。

（3）检修实例。

实例：满屏幕雪花点，不能接收到电视信号。

步骤 1：根据故障现象，首先怀疑故障出在调谐器上。

步骤 2：测量 STL 引脚电压，与正常值 30.0 V 比较；测量 STL 引脚对地电阻，比正常值小。

步骤 3：检查外围元件，发现稳压二极管等有短路现象。

步骤 4：更换元件，故障排除。

四、多制式数字化电视机解码电路的结构和工作原理

1. 知识要求

（1）亮度信号处理电路。

① 掌握亮度信号处理方框图。

② 掌握黑电平延伸电路。

③ 掌握轮廓校正电路。

④ 了解电子束速度调制电路。

（2）彩色电视信号解码器。

① 了解 NTSC 制彩色电视信号解码器。

② 掌握 PAL 制彩色电视信号解码器。

③ 了解 SECAM 制彩色电视信号解码器。

2. 技能要求：多制式数字化电视机解码电路故障检修

（1）故障分析和定位。

多制式色解码电路对色解码信号的处理同于普通彩色电视机。因此，检修方法也同于普通彩色电视机，只是在判断色度信号分离电路和彩色副载波振荡电路是否正常时，除要考虑自身的各元件外，还要考虑到制式控制信号是否正确。判别时只需测量所控晶体管的各极电压即可，如在检修机接收 PAL 制节目时，无彩色，只需测量 Q3 集电极与发射极电压差，Q1 基极、集电极电压即可。若测量结果是 Q3 集电极与发射极之间的电压差为 0，Q1 基极为 0.7 V、集电极为 0，可判断制式切换电路工作正常，应按普通彩色电视机的方法进一步检查。当然，在检查之前应确认视频集成电路的制式切换控制电压是否正常。

（2）操作准备。

① 多制式数字化电视机整机方框图。

② 多制式数字化电视机解码电路图。

③ 维修工具准备。

（3）操作步骤实例。

实例：创维 CTV-8219 型彩电无色。

步骤 1：无信号时检查 TA8659 的⑪脚、㉚脚电压无正常的摆动现象，说明晶振电路有故障。

步骤 2：检查晶振电路，发现 C277（30 pF）电容漏电。

步骤 3：更换后彩色正常。

五、数字化电视机扫描电路的结构特点和工作原理

1. 知识要求

大屏幕和数字化电视机扫描电路的结构特点和工作原理：

（1）行扫描电路结构及工作原理。

（2）场扫描电路结构及工作原理。

2. 技能要求：多制式数字化电视机扫描电路故障检修

（1）操作准备。

① 大屏幕、多功能电视机的电路原理图及方框图。

② 工具和仪器仪表准备。

（2）常用检修方法。

① 行激励管和行输出管的发射极电压及集电极直流电压测量法。

② 行推动空压器初级短路法。

③ 行推动管基极信号注入法。

④ 行输出变压器次级电压测量法。

⑤ 行推动管和行输出管的集电极交流分贝（dB）电压测量法。

（3）检修实例。

故障现象：枕形失真（机型：长虹 SF2539）。

步骤 1：该机场扫描电路图 N400 采用 TDA8350Q，这种场输出电路不仅完成扫描正常工

作,还输出枕形校正脉冲,所以,这种场输出 IC 损坏后不仅会造成场扫描电路工作失常,还会引起枕形失真。

步骤 2:检查场输出 IC 芯片是否正常供电。

步骤 3:检查场输出 IC 的⑪～⑬脚外电路后,故障可排除。

六、数字化电视机的电源电路及工作原理

1. 大屏幕和数字化电视机的电源电路及工作原理

(1)桥式/倍压整流自动切换电路。

(2)桥式/倍压自动切换原理。

2. 技能要求:电源电路的故障分析与检修

(1)熟悉数字化电视机电源电路的常见故障。

(2)对数字化电视机电源电路的故障进行定位。

(3)对数字化电视机电源电路的故障进行检修。

3. 故障检修实例

(1)飞利浦 21B9 型彩电的 +15 V 和 +105 V 电源及其负载的故障判断。

步骤 1:用万用表(如 500 型)1 k 挡测量电容 2540 两端的充电电阻值,若能充电至 15 k 左右,说明 +15 V 电源负载基本正常。

步骤 2:测电容 2448 两端的充电电阻值,若表针最终停在 10 k 位置,表明 +105 V 电源负载也基本正常。

步骤 3:若实测值偏离上述两个电阻值较远,则可判定 +15 V 或 +105 V 电源负载有短路或开路点,应首先找出这些故障点予以排除。

(2)飞利浦 21B9 型彩电的开关电源故障判断。

步骤 1:经静态测量,确认电路无明显的开路和短路现象后,可将 +15 V 和 +105 V 电源的负载断开,在电容 2448 两端接一只 40 W 的白炽灯作假负载,开机观察灯泡是否发亮,可大致确定开关电源工作是否正常。

步骤 2:若灯泡不亮,说明开关电源未起振。

步骤 3:若在电容 2505 两端测得有近 300 V 的直流电压,在开关管 7513 的 D、S 两端也有此电压,电路中无明显烧焦损坏元件,也无异常发热元件,说明交流输入电路及整流滤波电路工作良好,故障只是开关电源电路不工作。此时关断电源,拔出电源插头,用灯泡放掉电容 2505 两端的电荷(对充有高电压的大容量电容切勿用短路放电法,否则可能损坏电容)。电容放电完毕后,取下开关电源控制板,用 500 型万用表 1 k 挡测 UC3842BN⑤脚对其余各脚的电阻值,与出厂标准值进行比较,若无大的差别,则证明该板无问题。

步骤 4:若有的数值偏离甚远,则需焊下该 IC 单独测量,并与出厂标准值对照,确定 IC 是否完好。如果该 IC 未损坏,则应对控制板上各元件进行测量,找出故障元件,并用同规格的元件更换。

(3)不开机故障。

引起该故障的原因比较多,除了硬件电源(包括电源板和主板)引起的故障外,软件、DDR、配置电阻选择的不合适等都可能造成不开机故障。下面以海信 LED32K16 机型为例来对该类故障的维修方法进行分析,该机型采用 6i78ZX 机芯,因此以下故障基本适用于采用该机芯的机型。

① 硬件电源引起的不开机故障。

a. 故障表现:大多是无音、无图、指示灯不亮(如果 5 Vstb 工作不正常时)、遥控没有反应(遥控有反应的表现是按遥控器时指示灯会随着闪烁)。

b. 检修步骤。

步骤 1:检查电源板的输出电压是否正常,即 5Vstb 和 12 V 是否有输出。

步骤 2:检查主板上的电压工作是否正常,即 +5 V、Vcc1.2 V、+1.5 V_DDR3、3.3Vstb、33V_Normal、+1.5V_DDR3、+2.5V_Normal 是否正常输出。注意,从阻抗测试来看,Vcc1.2 V 对地阻抗只有 50 Ω 左右,其他阻抗在几百至几千欧[姆]之间。

步骤 3:检查主板上的晶体是否起振、reset 电路是否正常工作。

② DDR 焊接不良引起的不开机故障。

a. 故障表现:无音、无图、遥控没有反应、但指示灯亮。

b. 检修步骤。

步骤 1:首先检查 DDR 的工作电压是否正常,即 +1.5 V_DDR3 是否正常。

步骤 2:开机后检查 DDR(N15、N17) clk 的电压是否正常,即 R142、R143、R163、R164 端的电压是否是 0.7 V(误差 ±0.1 V),如果任何一个不是 0.7 V,即代表 DDR 的焊接有问题(也包括因主芯片和 DDR 之间连线部分的焊接点不良,即主芯片的焊接不良)。

步骤 3:关机状态测量 DDR 各个管脚的对地阻抗是否有差异,正常阻抗为几兆欧[姆]。注意是比对各个管脚之间的阻抗差异,即如果大部分管脚为 6 MΩ,其中几个管脚为 2 MΩ,即代表阻抗有差异。如果阻抗有差异即说明 DDR 的焊接不良(也包括因主芯片和 DDR 之间连线部分的焊接点不良,即主芯片的焊接不良)。

③ 电源开机过程中掉电引起的不开机故障。

a. 故障表现:灰屏(即背光亮)、无音、无图、遥控没有反应、指示灯亮。

b. 故障分析:这种情况一般通过开关机可以自动恢复,但多开机几次又会出现这种情况。

c. 检修步骤。

步骤 1:开机后测量各个电压均应工作正常。

故障的原因是电源板在开机过程中,+12 V 有掉电的故障(掉电后 +12 V 会自动恢复,故静态测量各个电压都是正常的),掉电后导致 6i78 的核电 1.26 V 也出现掉电,导致系统死机。死机时还没有完成启动,表现即为背光亮、无图、无音、遥控不反应。

步骤 2:在 5Vstb 对地接一个 0805 封装的阻值为 300~500 Ω 的电阻即可解决该故障。

④ 因软件程序问题引起的不开机故障。

a. 故障表现:基本也是无音、无图、指示灯亮。

b. 故障原因。

(a) 在使用的过程中 NAND FLASH 中有坏块,造成程序不启动,整机不开机。

(b) USB 升级过程中操作不当引起的程序问题、整机不开机故障。

c. 检修步骤。

步骤 1:通过 Mstar 的通用烧写工具完成升级 MBOOT 程序(N12 中存放)。

步骤 2:通过网口配合电脑烧写升级主程序(N34 中存放)。

⑤ 因配置电阻错误引起的整机不开机现象。

a. 故障表现:基本也是无音、无图、指示灯亮。

b. 检修步骤。

步骤 1：开机后检查 DDR（N15、N17）clk 的电压，即 R142、R143、R163、R164 端的电压基本为 0。

步骤 2：重点检查系统的配置电阻设置是否正确，即 R102、R107、R600、R601、R604 应为 4K7 接地。若不正确，更改设置后故障即可解决。

（4）开关电源部分除控制板以外，常见的故障元件有：

① 开关管 G、S 之间被击穿，导致其不工作。

② 稳压二极管 6515 击穿短路，使开关管无控制触发信号（可用 12 V 稳压管替换 6515）。

③ 二极管 5526 烧断，在开关管关断期间变压器 5525 初级的脉冲电压很高，致使开关管 7513 损坏。

注意事项：因为开关电源是"热地"，所以在测量时要特别小心，谨防触电。为了人身安全，在检修开关电源故障时，最好使用 1∶1 隔离电源变压器。

七、大屏幕、多制式、数字化电视机的调试

1. 数字化电视机的软件调试方法

步骤 1：进入维修模式。

步骤 2：进入自检模式。

步骤 3：项目选择与调整。

2. 数字化电视机的存储数据及程序软件拷贝

（1）主要知识点。

① 电脑串口知识。

② 电脑并口知识。

（2）技能要求。

利用电脑或程序拷贝数字化电视机的存储数据及程序软件。

操作步骤：

步骤 1：利用专有线与电脑连接。

步骤 2：电脑开机，数字电视机开机。

步骤 3：在电脑上建立新文件夹，以便装入要拷入的文件。

步骤 4：进入数字电视中的待拷贝程序软件或者存储数据的路径。

步骤 5：选取待拷贝程序软件或者存储数据。

步骤 6：点击"复制"按钮。

步骤 7：进入电脑中建立好的文件夹中，点击"粘贴"即可。

仿真训练

一、单项选择题（请将正确选项的代号填入题内的括号中）

1. 彩色电视机中频放大器的通频带要比黑白电视机（　　）。

　　A. 略窄些　　　　　B. 相等　　　　　C. 略宽些　　　　　D. 无法确定

2. 多制式电视接收机的（　　）电路直接接收电视发射中心播送的信号。

　　A. 高频　　　　　B. 伴音中放　　　　　C. 视频检波　　　　　D. 图像中放

3. 开关型稳压电源输出的是（　　）。

A. 交流电   B. 直流电   C. 交流电或直流电   D. 交直流混合电

4. 多功能数字化电视机中的伴音信号经 PWM 脉冲宽度调制以后可以送到（　　）电路。

  A. 异步分离   B. 同步分离   C. 行振荡级   D. 音频输出

5. 从中频信号检出的图像信号电压一般在 1.2 V 峰-峰值,用它直接来调制彩色显像管的调制极是不能得到足够对比度的,为了供给显像管足够的信号电压,必须要有（　　）增益的放大器。

  A. 2～25 倍   B. 50～100 倍   C. 1 000～10 000 倍   D. 100～1 000 倍

6. 在我国,现在彩色电视机中携带色度信号的副载波频率一般为（　　）。

  A. 4.43 MHz   B. 44.3 MHz   C. 0.443 MHz   D. 443 MHz

7. 彩色电视机的 Y 信号放大电路中,发射极电路中接入负反馈电阻时低频增益（　　）。

  A. 不变   B. 升高   C. 变化不定   D. 下降

8. 彩色电视机的 Y 信号放大电路中,发射极电路中接入负反馈电阻时通频带（　　）。

  A. 不变   B. 加宽   C. 变窄   D. 变化不定

9. 在接收彩色电视节目时,为了抑制色度信号对图像亮度信号的干扰,在亮度信号通道中加入一个副载波吸收网络会导致（　　）。

  A. 图像清晰度下降   B. 声音有杂音   C. 无声音   D. 无图像

10. 在 I²C 总线系统中,微处理器决定着信息传送的对象、（　　）和传送的起止。

  A. 方向   B. 数量   C. 方式   D. 数据

11. 多制式彩色电视机制式选择不对有可能造成（　　）的现象。

  A. 黑白图像   B. 电视出现啸叫   C. 电视不开机   D. 开机时"嗡"的一声

12. 彩色电视机图像出现斜纹的原因可能是（　　）。

  A. 图像处理电路的场不同步   B. 图像处理电路的行不同步

  C. 电源电路故障   D. 伴音电路故障

13. 数字化彩色电视机有图无声现象常由（　　）出现故障引起。

  A. 伴音低频通道   B. 图像高频通道   C. 伴音中频通道   D. 图像中频通道

14. 数字化电视机无图无声现象常由（　　）或视频陷波电路出现故障引起。

  A. 枕形失真校正电路   B. 图像高频通道

  C. 音频检波电路   D. 图像中频通道

15. 数字化彩色电视机三无现象、继电器有响声现象常由（　　）出现故障引起。

  A. 电源电路   B. 行扫描电路   C. 检波电路   D. 场扫描频通道

16. 数字化彩色电视机关机有亮点,故障原因可能是（　　）。

  A. 关机亮点消除电路故障   B. 电源电路损坏

  C. 行扫描电路故障   D. 高频接收模块故障

17. 在数字化电视机 I²C 总线系统中,（　　）通常与微处理器配合使用,工作在被控发送或被控接收状态。

  A. 微处理器   B. 存储器   C. 触发器   D. 微处理机

18. 根据 I^2C 总线的连接方式,各个集成电路器件都连接到总线上,每一个总线上的集成电路都设有一个(　　)。

　　A. 地址　　　　　　　B. 数据　　　　　　　C. 电感　　　　　　　D. 电容

19. I^2C 数字化彩色电视机中,若检测到 I^2C 总线电压总在 5 V 左右抖动,说明(　　)与被控 IC 之间的通信意外中断。

　　A. 数据总线　　　　　B. 存储器　　　　　　C. CPU　　　　　　　D. 触发器

20. I^2C 数字化彩色电视机的 SDA 与 SCL 都是双向输入 / 输出(I/O)线,通过加在上拉电阻上的 +5 V 电压,当总线空闲时,(　　)。

　　A. 两线都为高电平　　　　　　　　　　　B. 两线都为低电平
　　C. SDA 为低电平,SCL 为高电平　　　　　D. SDA 为高电平,SCL 为低电平

21. CPU 与被控 IC 之间的通信意外中断,当 CPU 发出信号后收不到受控 IC 的应答信号时,CPU 不能作出判断,便不断地发出信号,使总线电压(　　)。

　　A. 为零　　　　　　　B. 抖动　　　　　　　C. 稳定在低电平　　　D. 稳定在高电平

22. I^2C 数字化彩色电视机中,总线的 SDA、SCL 中某一线的电压很低或为零,是由于(　　)。

　　A. 电压很低或为零的那根线存在短路故障　　B. 电压很高的那根线存在短路故障
　　C. 电压很高的那根线存在断路故障　　　　　D. 电压很低或为零的那根线存在断路故障

23. 选台电路、触摸开关、选台集成块、调谐电压的驱动电路等部位出现故障会造成(　　)。

　　A. 能接收电视信号,但是在选台过程中信号不能被存储
　　B. 不能接收电视信号,在选台过程中信号不能被存储
　　C. 不能接收电视信号,但是在选台过程中信号能被存储
　　D. 能接收电视信号,在选台过程中信号能被存储

24. 高频头本振电路、中放通道 30.5 MHz 吸收回路、伴音中放、鉴频回路或伴音低放等出现故障会产生(　　)的现象。

　　A. 无伴音、图像正常　　　　　　　　　　B. 有伴音、图像正常
　　C. 有伴音、图像不正常　　　　　　　　　D. 无伴音、图像不正常

25. 行扫描电路在彩色电视机中是为显像管的电子束产生(　　)偏转的驱动的电路。

　　A. 水平　　　　　　　B. 竖直　　　　　　　C. 枕形　　　　　　　D. 水平和竖直

26. 无伴音,图像正常,喇叭里有交流声,用手握住改锥金属部分敲击天线,喇叭里有明显的"喀啦"声,通常是由于机械振动使谐振回路中电感线圈的磁芯位置发生变动,或者是(　　)变值。

　　A. 电容　　　　　　　B. 电感　　　　　　　C. 电容和电感　　　D. 以上说法都不对

27. 电视机中如果把行偏转电流 i_H 和帧偏转电流 i_Z 同时分别输入水平和垂直偏转线圈里,则电子束同时沿(　　)方向和(　　)方向扫描。

　　A. 垂直　水平　　　B. 水平　垂直　　　C. 垂直　垂直　　　D. 水平　水平

28. 电视广播的原理是在电视发送端用摄像器件实现光电转换,在接收端用显像管实现(　　)转换。

　　A. 电光　　　　　　　B. 光电　　　　　　　C. 压电　　　　　　　D. 电磁

29. 电视图像为了保证有足够的清晰度,扫描行数需在(　　)左右。

　　A. 600　　　　　　　B. 60　　　　　　　C. 6 000　　　　　　D. 6

30. 电视画面上在水平方向出现两个以上的相同图像,这种故障一般是由于行振荡级的

（　　　　）或电容的漏电增大使行振荡频率降低到 15 625 Hz 的 1/2 以下造成的。

    A. 基极电阻阻值变大　　　　　　　　　B. 基极电阻阻值变小

    C. 基极电容值变小　　　　　　　　　　D. 基极电容值变大

31. 电视出现故障,满屏幕雪花点、不能接收到信号时,首先怀疑故障出在(　　　　)上。

    A. 调谐器　　　　　B. 喇叭　　　　　C. 触摸开关　　　　　D. 伴音中放

32. 下列选项中(　　　　)不可能是数字化电视机接收电路的直接故障。

    A. 无伴音,图像正常

    B. 按下电源后,电视机没有任何反应

    C. 自动搜台键按下,屏幕上只有雪花,没有图像

    D. 满屏幕雪花点,不能接收到电视信号

33. 能接收电视信号,但是在选台过程中信号不能被存储,则该故障可能与(　　　　)有关。

    A. 选台集成块　　　B. 喇叭　　　　　C. 信号通道　　　　　D. 伴音中放

34. 在判断多制式色解码电路色度信号分离电路和彩色副载波振荡电路是否正常时,除要考虑其自身的各元件外,还要考虑到(　　　　)是否正确。

    A. 制式控制信号　　B. RF 信号　　　C. 中频信号　　　　　D. 数字小信号

35. 在检查数字化电视机的多制式色解码电路之前应看视频集成电路的(　　　　)电压是否正常。

    A. 基极　　　　　　B. 发射极　　　　C. 制式切换控制　　　D. 电源

36. 对数字化电视机的多制式色解码电路色解码信号的处理与普通彩色电视机(　　　　)。

    A. 相同　　　　　　　　　　　　　　　B. 不同

    C. 无法判断　　　　　　　　　　　　　D. 可以相同,也可以不同

37. 数字化电视机在正确传送彩色信号方面,(　　　　)制式最好。

    A. SECAM　　　　　B. NTSC　　　　C. NTSC 及 PAL　　　D. PAL

38. 数字化电视机的多制式色解码电路检修方法与普通彩色电视机(　　　　)。

    A. 基本相同　　　　B. 完全不同　　　D. 完全相同　　　　　C. 无法判断

39. 数字化电视机的 NTSC 制解码器的任务是从彩色全电视信号中分离出(　　　　)信号供彩色显像管使用。

    A. R　　　　　　　　B. G　　　　　　C. R、G、B　　　　　D. B

40. 彩色电视机中的行扫描电路是全机(　　　　)、电压最高、发热量大、容易出故障的部分。

    A. 功耗最大　　　　B. 功耗最小　　　C. 体积最小　　　　　D. 功能最全

41. 当屏幕上无光时,用示波器测量行输出管集电极上的反峰波形。当发现波形出现严重变化,幅度(　　　　)时,一般为高压整流二极管的反向电阻变小或高压包局部短路。

    A. 变大　　　　　　B. 变小　　　　　C. 不变　　　　　　　D. 无法判断

42. 数字化电视机出现枕形失真一般定位于(　　　　)故障。

    A. 电源电路　　　　B. 解码电路　　　C. 扫描电路　　　　　D. 接收电路

43. 行扫描电路使行回扫变压器能够产生显像管所需要的(　　　　)等。

    A. 低压　　　　　　B. 高压和副高压　C. 中压　　　　　　　D. 低压和高压

44. 数字化电视机的画面在水平方向上出现两个以上的相同图像一般定位于(　　　　)故障。

    A. 电源电路　　　　B. 解码电路　　　C. 接收电路　　　　　D. 扫描电路

45. 数字化电视机的屏幕中间出现一条水平亮线,证明电子束已打到屏幕上,只是上下拉不开,说明故障出在(　　　　)系统。

A. 行扫描　　　　　B. 场扫描　　　　　C. 振荡电路　　　　　D. 电源

46. 场输出 IC 损坏后不仅会造成场扫描电路工作失常,还会引起(　　)。
　　A. 图像翻滚　　　B. 雪花变大　　　C. 枕形失真　　　D. 声音异常

47. 数字化电视机场扫描电路不仅能完成扫描正常工作,还可以输出(　　)脉冲。
　　A. 触发　　　　　B. 稳压　　　　　C. 输出校正　　　D. 枕形校正

48. 直流电源由(　　)、整流电路、滤波电路和稳压电路组成。
　　A. 电源变压器　　B. 放大电路　　　C. 逻辑电路　　　D. 直流稳压器

49. 若开关管 G、S 之间被击穿,则使(　　)不工作。
　　A. 开关晶体管　　B. 开关电源部分　C. 电路　　　　　D. 电源局部

50. (　　)的作用是利用单向导电性能的整流元器件,将正负交替的正弦交流电压变换成为单方向的脉动电压。
　　A. 稳压电路　　　B. 放大电路　　　C. 逻辑电路　　　D. 整流电路

51. (　　)的作用是尽可能地将脉动成分滤掉,使输出电压成为比较平滑的直流电压。
　　A. 稳压电路　　　B. 放大电路　　　C. 滤波电路　　　D. 逻辑电路

52. 有一些电视机中保护电路设计得不完善,这样,遇到过载的情况就会出现(　　)的故障。
　　A. 开关晶体管损坏　B. 烧元器件　　　C. 开关管损坏　　D. 电源局部损坏

53. 电源电路是彩电中故障率较高的部分,这主要是因为电源电路中的很多元器件工作在大功率、高反压状态,特别是在(　　)的环境中容易发生故障。
　　A. 高温和高压　　B. 高压和高湿　　C. 高温和高湿　　D. 高温和高磁

54. 当行扫描电路不工作时,电源负载会(　　),各路输出电压会升高。
　　A. 过轻　　　　　B. 过重　　　　　C. 不稳定　　　　D. 不变

55. 电视有伴音、无光栅、无图像,说明故障在亮度通道及(　　)。
　　A. 电源电路　　　B. 显像管电路　　C. 伴音通道　　　D. 行扫描电路

56. 稳压二极管 6515 击穿短路,则使(　　)无法控制触发信号。
　　A. 场效应管　　　B. 晶体管　　　　C. 二极管　　　　D. 开关管

57. 发现底盘"带电"可(　　),再用试电笔或万用表检测,确保底盘不能"带电"。
　　A. 调换一下电源插头的方向　　　　B. 换一个插座
　　C. 换一下电源插头　　　　　　　　D. 拔下插头几分钟后

58. 不用隔离变压器,彩电机架(底盘)就可能与交流火线相连,如不使用隔离变压器,(　　),而不要与火线相通。
　　A. 也要使彩电的底盘与直流火线接通　　B. 也要使彩电的底盘与交流火线接通
　　C. 也要使彩电的底盘与交流零线接通　　D. 也要使彩电的底盘与直流零线接通

59. (　　)所需要的时间为行扫描周期。
　　A. 电子束在水平方向往返一次　　　　B. 电子束在垂直方向往返一次
　　C. 电子束在垂直方向往返两次　　　　D. 电子束在水平方向往返两次

60. (　　)的维修步骤:步骤1,该机场扫描电路 N400 采用 TCA8350Q,这种场输出电路不仅完成扫描正常工作,还输出枕形校正脉冲,所以,这种场输出 IC 损坏后不仅会造成场扫描电路工作失常,还会引起枕形失真;步骤2,检查场输出 IC;步骤3,检查场输出 IC 的⑪～⑬脚外电路后,故障可排除。
　　A. 非线性失真　　B. 交越失真　　　C. 枕形失真　　　D. 互调失真

61. 下面不是扫描电路的常见故障有（　　　）。
    A. 屏幕上无光
    B. 画面上在水平方向出现两个以上的相同图像
    C. 画面上在垂直方向出现两个以上的相同图像
    D. 屏幕中间出现一条水平亮线

62. 荧光屏的发光强弱取决于冲击电子的（　　　），只要用代表图像的电信号去控制电子束的强弱，再按规定的顺序扫描荧光屏，便能完成由电到光的转换，重现电视图像。
    A. 方向与速度　　　　B. 数量与速度　　　　C. 方向与电压　　　　D. 方向与数量

63. （　　　）为行回扫变压器提供高压脉冲，使行回扫变压器能够产生显像管所需要的高压和副高压等。
    A. 逆程扫描系统　　　B. 平扫描系统　　　　C. 行扫描电路　　　　D. 场扫描系统

64. 当正程结束时，电子束扫描到屏幕的最右边。在偏转电流快速线性减小时，电子束从右向左迅速扫描，这称为（　　　）。
    A. 行扫描逆程　　　　B. 场扫描正程　　　　C. 行扫描正程　　　　D. 场扫描逆程

65. 假定在水平偏转线圈里通过锯齿形电流，当电流线性增大时，电子束在磁场的作用下从左向右作匀速扫描，这称为（　　　）。
    A. 场扫描正程　　　　B. 场扫描逆程　　　　C. 行扫描正程　　　　D. 行扫描逆程

66. 由于行扫描时间比帧扫描时间短得多，且整个屏幕纵向有 600 多条扫描线，电视机的扫描线看起来是水平直线。这种电子束从图像上端开始，从左到右、从上到下以均匀速度依照顺序一行紧跟一行地扫完全帧画面的扫描方式，称为（　　　）。
    A. 隔行扫描　　　　　B. 逐行扫描　　　　　C. 顺程扫描　　　　　D. 逆程扫描

67. 在逐行扫描中，所有帧的光栅都应相互重合，这就要求帧扫描周期 T_Z 是行扫描周期 T_H 的（　　　）。
    A. 1/4　　　　　　　B. 1/3　　　　　　　C. 整数倍　　　　　　D. 1/2

68. 假定在垂直偏转线圈里通过锯齿形电流，电子束在磁场的作用下将自上而下，再自下而上扫描，形成（　　　）。
    A. 帧扫描的正程和逆程　　　　　　　　　B. 行扫描逆程
    C. 场扫描正程　　　　　　　　　　　　　D. 场扫描逆程

69. 电视逐行扫描故障可能出现的现象是（　　　）。
    A. 无伴音　　　　　　B. 有"吱吱"的噪声　　C. 屏幕闪烁　　　　　D. 屏幕上出现一条亮线

70. 电视机有图像但图像异常，只有绿色和蓝色，可能是（　　　）故障。
    A. 音频输出　　　　　B. 高频头　　　　　　C. 电源电路　　　　　D. 彩色解码

71. 电视机彩色解码故障可能出现（　　　）现象。
    A. 有图像但图像异常　B. 滚屏　　　　　　　C. 有图无声　　　　　D. 一条亮线

72. （　　　）是指用每隔一定时间的信号样值序列来代替原来在时间上连续的信号，即在时间上将模拟信号离散化。
    A. 离散　　　　　　　B. 采样　　　　　　　C. 编码　　　　　　　D. 量化

73. （　　　）是用有限个幅值近似代替原来连续变化的幅值，把模拟信号的连续幅值变为有限数量的有一定间隔的离散值。
    A. 离散　　　　　　　B. 采样　　　　　　　C. 编码　　　　　　　D. 量化

74. 量化后的值与原信号幅值的误差＝（　　）。
    A. 测量值－量化值　B. 量化值－测量值　C. 量化值－原幅值　D. 原幅值－量化值

75. 量化就是把在（　　）上离散化的信号在幅度上也离散化。
    A. 相位　　　　　　B. 空间　　　　　　C. 宽度　　　　　　D. 时间

76. 人耳对不同频率的声音具有不同的听觉灵敏度，对（　　）听觉灵敏度最高。
    A. 低频段（例如 100 Hz 以下）　　　　B. 1～5 kHz 的中音频段
    C. 超高频段（例如 16 kHz 以上）　　　D. 10～15 kHz 的频段

77. 由数字有线电视网送来的数字电视节目,送至调谐器,经 A/D 变换送入 QAM 解调电路,再经卫星讯道前向纠错解码、解交织、解复用,然后经 MPEG-2 解码送出数字（　　）和模拟视频。
    A. 音频　　　　　　B. 视频　　　　　　C. 和模拟音频　　　D. 音频和视频

78. 数字有线电视系统中的数字音频经（　　）送出左、右声道的声音信号。
    A. A/D 变换　　　　B. D/A 变换　　　　C. 仿真　　　　　　D. 量化

79. 视频信号采集系统包括帧存储器、视放、彩色副载波提取和振荡电路、（　　）、复合同步提取电路、帧同步信号产生电路。
    A. 晶振　　　　　　B. 时钟信号　　　　C. 信号发生器　　　D. 时钟发生器

80. 视频编码器中用于量化扫描的 DCT 系数的量化器的存贮器单元,具有（　　）,带有用于存贮块内量化矩阵的多个区域。
    A. 第四库　　　　　B. 第三库　　　　　C. 第一库　　　　　D. 第二库

81. （　　）信号的编码方式包括复合编码和分量编码。
    A. 音频　　　　　　B. 视频　　　　　　C. 动画　　　　　　D. 图像

82. 彩色电视机天线接收到的射频电视信号,首先通过 VHF/UHF 调谐器的射频放大,然后混频,将它变换成中频（38 MHz）电视信号,放大检波后,检波器输出的信号包括 0～6 MHz 的亮度信号、载频为 4.43 MHz 的（　　）信号以及载频为 6.5 MHz 的第二伴音中频信号。
    A. 热度　　　　　　B. 清晰度　　　　　C. 解调　　　　　　D. 色度

83. 数字化彩色电视接收机结构中视频信号的处理是用（　　）完成的。
    A. 模拟电路　　　　B. 数字电路　　　　C. D/A 转换电路　　D. A/D 转换电路

84. 目前生产的 I²C 总线控制彩电的 VM 电路均采用（　　）的结构形式。
    A. 集成电路　　　　　　　　　　　　B. 由集成电路与分立元件混合组成
    C. 全分立元件　　　　　　　　　　　D. 分立元件

85. 由集成电路与分立元件混合组成的电路与全分立元件构成的 VM 电路的最大不同之处是:微分增幅电路包含在小信号处理集成块中,分立元件只构成波形整形与（　　）。
    A. 放大、激励及输出电路　　　　　　B. 放大电路
    C. 放大与输出电路　　　　　　　　　D. 输出电路

86. 检修中出现无伴音、图像正常故障,产生该故障的主要部位可能是（　　）、中放通道 30.5 MHz 吸收回路、伴音中放、鉴频回路或伴音低放等。
    A. 低频头本振电路　B. 自激振荡电路　C. 高频头本振电路　D. 晶体振荡电路

87. 彩色电视接收机的伴音信号的解码采用（　　）方式。
    A. 调幅　　　　　　B. 调相　　　　　　C. 调频　　　　　　D. 以上都不是

88. 数字化彩色电视接收机结构中的（　　）信号的处理是用数字电路完成的。

A. 音频　　　　　　B. 视频　　　　　　　C. 自动播出系统　　　D. 接收系统

89. 数字化电视机接收电路中视频信号处理电路的图像中频为（　　　）。

A. 5 MHz　　　　　B. 6.5 MHz　　　　　C. 38 MHz　　　　　D. 12 MHz

90. 电视标准规定了行逆程系数和帧逆程系数分别为（　　　）。

A. β 和 α　　B. T_Z 和 T_H　　C. T_H 和 T_Z　　D. α 和 β

91. 场扫描要将偶数场光栅嵌在（　　　）光栅中间，每帧的扫描行数必须是奇数。

A. 奇数或偶数场　　B. 偶数场　　　　　C. 奇数偶数均可　　D. 奇数场

92. 电视图像为了保证有足够的清晰度，扫描行数需在（　　　）左右；为了保证不产生闪烁感觉，帧扫描频率应在（　　　）以上。

A. 600 行　　38 Hz　　B. 500 行　　38 Hz　　C. 500 行　　48 Hz　　D. 600 行　　48 Hz

93. （　　　）在不增加带宽的前提下，既保证有足够的清晰度又避免了闪烁现象。

A. 行扫描　　　　　B. 顺序扫描　　　　C. 正扫描　　　　　D. 场扫描

94. 亮度信号是由三基色信号按一定比例组合而成。亮度信号 Y 与三基色信号 R、G、B 的关系方程为（　　　）。

A. $Y = 0.11 R + 0.59 G + 0.30 B$　　　　B. $Y = 0.30 R + 0.59 G + 0.11 B$

C. $Y = 0.30 R + 0.11 G + 0.59 B$　　　　D. $Y = 0.59 R + 0.30 G + 0.11 B$

95. 为了兼容，经编码后的彩色电视信号中，必须有一个独立的，只反映图像亮度的信号，称为（　　　），用 Y 表示。

A. 亮度信号　　　　B. 彩色信号　　　　C. 基色信号　　　　D. 三基色信号

96. NTSC 制色度信号采用了（　　　）的调制方式。

A. 正交平衡调幅　　B. 调压　　　　　　C. 变频　　　　　　D. 调幅

97. 目前国际上流行的三大彩色电视制式为 NTSC 制、（　　　）制和 SECAM 制。

A. 正交平衡　　　　B. NTSC　　　　　C. PAL　　　　　　D. PALN

98. 整流电路是利用具有单向导电性能的整流元件，把方向和大小都变化的 50 Hz 交流电变换为方向不变但大小仍（　　　）。

A. 有脉动的直流电　　B. 有脉动的交流电　　C. 无脉动的交流电　　D. 无脉动的直流电

99. 二极管作为整流元件，要根据不同的（　　　）加以选择。如选择不当，则或者不能安全工作，甚至烧了管子；或者大材小用，造成浪费。

A. 整流方式　　　　　　　　　　　　　　B. 负载大小

C. 整流方式和负载大小　　　　　　　　　D. 负载特性

100. 目前的数字摄像机还不能通过电荷耦合器件（CCD）直接把光信号转变为数字信号，因为 CCD 输出的模拟信号很小，必须经过放大后进行（　　　）才能得到数字信号。

A. 模数转换（A/D 转换）　　　　　　　　B. 数模转换（D/A 转换）

C. 轮廓校正　　　　　　　　　　　　　　D. 图像校正

101. 进行轮廓校正的具体方法有：垂直方向的轮廓校正；水平方向的轮廓校正；斜向线条轮廓校正；（　　　）；肤色孔阑校正。

A. PFC 校正　　　　B. 暗处轮廓校正　　C. 加减校正　　　　D. 枕轮校正

102. 在解码器中同样加有不同时延的延迟线，其目的与编码器中相同。为了抑制色度副载波对亮度信号的干扰，在 Y 通道中还接入了一个（　　　）。

A. 数字陷波器　　　B. 线路陷波器　　　C. 副载波陷波器　　D. 双 t 陷波器

103. PAL 制解码器有许多种,如 PALS(简单解码)、PALN(锁相解码)、PALD(延迟解码)等,其中( )应用较广。

    A. PALS   B. PALN   C. PALD   D. 三者同样

104. PAL 解码器的原理与 NTSC 解码器的不同之处之一是 PAL 解码器的副载波形成电路要给 V 同步检波提供一个( )的副载波。

    A. 逐行倒相   B. 逐列倒相   C. 逐列同相   D. 逐行同相

105. 在 SECAM 制中,色度信号的传送采用调频方式,两个色差信号分别对两个不同频率的副载波进行频率调制,传输中引入的微分相位失真的影响( )。

    A. 较大   B. 较小   C. 很大   D. 无法确定

106. 在数字化电视机的 SECAM 接收机中幅度失真的影响( )。

    A. 很小   B. 很大   C. 适中   D. 无法确定

107. 由于对色差信号可以直接进行鉴频,不像 PAL 制需要回复色副载波,因此 SECAM 制的色同步信号是一个行顺序识别信号,在场消隐期间后均衡脉冲之后( )内传送。

    A. 9 行   B. 8 行   C. 6 行   D. 7 行

108. PWM 法是把一系列脉冲宽度均相等的脉冲作为 PWM 波形,通过改变脉冲列的周期可以( )。

    A. 调压   B. 调幅   C. 调频   D. 调相

109. A/D 转换器最重要的参数是转换的精度,通常用( )的数字信号的位数的多少表示。

    A. 输入   B. 输出   C. 数字   D. 模拟

110. I^2C 总线是双向、两线、串行、多主控(multi-master)接口标准,具有总线仲裁机制,非常适合在器件之间进行( )的数据通信。

    A. 近距离、非经常性   B. 远距离、非经常性   C. 远距离、经常性   D. 近距离、经常性

111. 视频放大器的带宽补偿方法有前端补偿、后端补偿、( )补偿。

    A. 频率   B. 中端   C. 前后端混用   D. 终端

112. 图像伴音等单元电路工作电源的供给渠道,有的机型由( )电源供给,有的则由回扫变压器次级绕组提供的脉冲经整流滤波后供给。

    A. 电池   B. 一般   C. 开关稳压   D. 充电

113. 我国电视制式规定:彩色电视机传输色度信号的频带宽度为( )。

    A. 1 MHz   B. 1.3 MHz   C. 1.5 MHz   D. 2 MHz

114. 在彩色电视机中,由于屏幕尺寸和显像管偏转角一般都很大,所以枕形失真比黑白显像管严重得多,因此一般的彩色电视机还要让行、场输出电流相互调制以后,再送入( )进行枕形失真校正。

    A. 聚焦线圈   B. 循迹线圈   C. 伺服线圈   D. 偏转线圈

115. 场扫描电路的任务是供给帧偏转线圈符合要求的( )电流。

    A. 矩形波   B. 三角波   C. 方波   D. 锯齿波

116. 彩色电视机的场扫描电路原则上和黑白电视( )。

    A. 相同   B. 不同   C. 相反   D. 相似

117. I^2C 总线是具备多 CPU 系统所需的包括仲裁和高低速设备同步等功能的高性能( )总线。

    A. 输入输出总线   B. I/O 总线   C. 并行   D. 串行

118. 数字电视机软件调试的步骤包括进入维修模式、（　　　）、项目选择与调整。

　　A. 控制模式　　　　　　B. 他检模式　　　　　　C. 执行模式　　　　　　D. 自检模式

119. 串口是一个接口名称，简称 COM 口，或者 RS232 接口。一般电脑集成（　　　）COM 口，安装一些转接卡口可以增加串口数量。

　　A. 1 个　　　　　　　　B. 2 个　　　　　　　　C. 4 个　　　　　　　　D. 3 个

120. 利用电脑或程序拷贝数字电视机的存储数据及程序软件的操作步骤为：利用专有线与电脑连接；电脑开机，数字电视机开机；在电脑上建立新文件夹，以便装入要拷入的文件；进入数字电视中的待拷贝程序软件或者存储数据的路径；选取待拷贝程序软件或者存储数据；点击"复制"按钮；进入电脑中建立好的文件夹中，点击（　　　）即可。

　　A. 选择性粘贴　　　　　B. 剪切　　　　　　　　C. 粘贴　　　　　　　　D. 复制

121. 选择数据复制解决方案首先应从业务影响分析入手，来确定所需要的恢复时间目标(RTO)和恢复点目标(RPO)。对于不能接受数据丢失(RTO 等于零)的应用，则需要（　　　）。

　　A. 同步剪切　　　　　　B. 异步剪切　　　　　　C. 异步复制　　　　　　D. 同步复制

122. 维修模式进入方法：① 同时按住本机按键【VOL－】和【TV/AV】，再按一下本机按键 POW 打开电视机电源；② 屏幕左上角出现（　　　）字符后，松开第二个键；③ 先按住【VOL－】再按一下【CH－】，即可进入工程模式。

　　A. P　　　　　　　　　B. K　　　　　　　　　C. OK　　　　　　　　　D. O

123. 若升级后，（　　　）后发现整机未启动，确认灯不再闪烁，请交流关机再开机。

　　A. 20 min　　　　　　　B. 3 min　　　　　　　C. 30 min　　　　　　　D. 15 min

124. 数字化电视机，在软件升级过程中出现等待超时故障的处理方法是（　　　）。

　　A. 拔出 U 盘，不再插入　　　　　　　　　　B. 拔出 U 盘，插入新的

　　C. 关机　　　　　　　　　　　　　　　　　D. 拔出 U 盘，重新插入

125. 电视机与电脑连接的方法：第一，连接硬件；第二，（　　　）；第三，启动电脑；第四，设置显卡。

　　A. 打开电视机　　　　　B. 打开电源　　　　　　C. 设置驱动电路　　　　D. 连接软件

126. 数字化电视机中，数据存储的技术要点是将需要存储的参数存储进去，需要修改时找到该参数的存储单元，将修改的参数值紧接着存储在当前值后；需要调用时从结束地址（　　　）查找到的第一个非空的区域存储值就是当前参数值。

　　A. 反向　　　　　　　　B. 同向　　　　　　　　C. 没有地址限制　　　　D. 同一地址

127. 数字化电视机中，数据存储技术的要点是将电视机 FLASH 存储器中存储有程序并且有剩余空间的擦出块单元区域划分为若干个（　　　）并记录下其起始与结束地址。

　　A. 空间　　　　　　　　B. 存储单元　　　　　　C. 存储空间　　　　　　D. 储备空间

128. 视频放大电路在其频率特性高端增益开始下降，可附加一谐振电路来（　　　）高端频率附近的增益，这就是（　　　）。

　　A. 降低　高频提升线圈补偿法　　　　　　　　B. 提高　低频提升线圈补偿法
　　C. 提高　高频提升线圈补偿法　　　　　　　　D. 降低　低频提升线圈补偿法

129. 电视机的总线(BUS)是（　　　）与各部分电路之间的信息传输通道。

　　A. 微处理器　　　　　　B. 存储器　　　　　　　C. 寄存器　　　　　　　D. 触发器

130. 多制式彩色电视机无伴音或伴音失真的原因可能是（　　　）。

　　A. 制式选择不对　　　　　　　　　　　　　　B. 电源未开启
　　C. 伴音制式选择不对　　　　　　　　　　　　D. 显像管故障

131. 多制式彩色电视机显示图像水平或垂直幅度窄,可能是(　　　)发生故障。
　　　A. 伴音电路　　　　　B. 电源电路　　　　　C. 行场扫描电路　　　D. 功率驱动放大电路

132. 数字化彩色电视机呈现单色光栅,故障原因可能是(　　　)。
　　　A. 高频接收模块故障　　　　　　　　B. 电源电路损坏
　　　C. 末级视放电路损坏　　　　　　　　D. 行扫描电路故障

133. I^2C 总线以 SDA 和 SCL 构成的串行线实现全双工同步数据的传送,最高传送速率可达
　　　(　　　)。
　　　A. 100 Mb/s　　B. 100 kb/s　　　　C. 10 kb/s　　　　D. 1 kb/s

134. I^2C 数字化彩色电视机中,若总线电压偏低,是于(　　　)。
　　　A. I^2C 总线电压低于 5 V　　　　　B. I^2C 总线电压高于 5 V
　　　C. I^2C 总线电压低于 -5 V　　　　D. I^2C 总线电压高于 10 V

135. 数字电视接收由于使用于不同的传输信道而分为卫星、(　　　)和地面广播三种不同的
　　　类型。
　　　A. 无线　　　　　　　B. 有线　　　　　　　C. 数据线　　　　　D. 光纤

136. 下列选项(　　　)不是构成数字化电视机的解码器的组成部分。
　　　A. 亮度通道　　　　　B. 色度通道　　　　　C. 副载波恢复电路　　D. 电源电路

137. (　　　)不是彩色电视机中的行扫描电路的主要作用。
　　　A. 供给行偏转线圈线性良好的锯齿波电流
　　　B. 从行输出级和场输出级引出行、场电流加给会聚线圈进行会聚校正
　　　C. 让行、场输出电流相互调制以后,再送入偏转线圈进行行枕形失真校正
　　　D. 输出列阶跃信号供给行消隐电路、色同步脉冲选通电路作为开关脉冲

138. (　　　)可以供给行偏转线圈线性良好的锯齿波电流,在行偏转线圈形成水平扫描磁场,
　　　使电子束在荧光屏上能满幅度地扫描。
　　　A. 逆程扫描电路　　　B. 平扫描电路　　　　C. 场扫描电路　　　　D. 行扫描电路

139. 将交流 220 V 电压变成不同的直流电压的电源电路又被称为(　　　)。
　　　A. 高频电源　　　　　B. 开关电源　　　　　C. 整理电路　　　　　D. 线性电源

140. 电视标准规定了行逆程系数 α 和帧逆程系数 β 分别为(　　　)。
　　　A. $\alpha = T_{HR}/T_H = 8\%$; $\beta = T_{ZR}/T_Z = 18\%$　　B. $\alpha = T_{HR}/T_H = 18\%$; $\beta = T_{ZR}/T_Z = 18\%$
　　　C. $\alpha = T_{HR}/T_H = 18\%$; $\beta = T_{ZR}/T_Z = 8\%$　　D. $\alpha = T_{HR}/T_H = 8\%$; $\beta = T_{ZR}/T_Z = 8\%$

141. 所谓(　　　),是增强图像中的细节成分,使图像显得更清晰,更加透明。
　　　A. 轮廓测试　　　　　B. 图像测试　　　　　C. 图像校正　　　　　D. 轮廓校正

二、多项选择题(请将正确选项的代号填入题内的括号中)

1. 数字化电视中,进行 A/D 转换的视频信号可以来源于(　　　)。
　　　A. 卫星接收机　　　　　　　　　　　B. 录像机
　　　C. 电视中心发射信号通过视频检波　　　D. 该电视显示屏的图像
　　　E. 手机

2. 数字化电视机的伴音信号数字化处理包括(　　　)模块。
　　　A. 音频信号 A/D 转换　　　　　　　　B. 音频数字化处理电路
　　　C. 黑白平衡控制电路　　　　　　　　D. PWM(脉宽调制)电路

E. 高频接收电路

3. 在彩色电视机中，当基色信号失去直流成分时，会引起（   ）的变化。

   A. 彩色饱和度   B. 图像背景亮度   C. 彩色色调   D. 无任何色彩

   E. 声音

4. 在彩色电视机中，为了校正光栅的枕形失真，扫描系统设有（   ）电路。

   A. 垂直枕形校正   B. 水平枕形校正   C. 双桥式 T 型陷波器 D. 单独的检波

   E. 高频接收

5. 放大后的中频信号分两路输出。一路由视频检波器检波成彩色全电视信号，另一路是在视频检波前利用（   ）得到伴音中频载波信号。

   A. 伴音检波二极管   B. 伴音检波三极管

   C. 6.5 MHz 中频带通滤波器   D. 650 MHz 中频带通滤波器

   E. 6 500 MHz 中频带通滤波器

6. 下列说法正确的是（   ）。

   A. 彩色电视机的伴音电路在结构上基本和黑白电视机的相同

   B. 在彩色电视机中，为了克服色度中频和伴音中频的差拍干扰，通常用单独的检波电路检出伴音内载波信号

   C. 在彩色电视机中，为了克服色度中频和伴音中频的差拍干扰，彩色电视机可以在中频输入电路中加有陷波器，使伴音载波的衰减量大于 50 dB

   D. 彩色电视中的音频放大器若采用两个三极管直接耦合，其目的是减少交联电容损失

   E. 彩色电视中的音频放大器若采用两个二极管直接耦合，其目的是减少交联电容损失

7. 彩色大屏幕多功能电视机产品可以采用（   ）显示屏。

   A. 液晶   B. 等离子体   C. 黑白显像管   D. LED

   E. 彩色显像管

8. 下列（   ）属于彩色显像管。

   A. 单射束彩色显像管 B. 双射束彩色显像管 C. 三枪三束荫罩管 D. 单枪三束彩色显像管

   E. 自会聚彩色显像管

9. 彩色电视机行场电路有故障，可能表现在（   ）。

   A. 一条水平亮线   B. 无图无声   C. 水平幅度窄   D. 垂直幅度窄

   E. 无彩色

10. 伴音制式选择不对可能造成多制式彩色电视机（   ）。

   A. 无伴音   B. 伴音失真   C. 无彩色   D. 无图

   E. 图像失真

11. 图像处理电路故障可能造成多制式彩色电视机（   ）。

   A. 无图像   B. 图像滚动   C. 无声音   D. 无彩色

   E. 声音失真

12. 多制式彩色电视机无彩色的原因可能是（   ）。

   A. 彩色制式选择不对   B. 彩色制式未处于自动选择状态

   C. 图像处理电路的彩色处理部分故障   D. 音频信号处理电路故障

   E. 喇叭故障

13. 数字化彩色电视机出现无声故障时，常由（   ）故障引起。

  A. 伴音陷波电路   B. 中频电路

  C. 喇叭损坏   D. 上下枕形失真校正电路

  E. 左右枕形失真校正电路

14. 数字化彩色电视机末级视放电路损坏,可能出现的故障现象有( )。

  A. 关机有亮点   B. 呈现出单色光栅   C. 图像偏色   D. 无图无声

  E. 枕形失真

15. I²C 数字化彩色电视机图像不同步现象有( )。

  A. 行不同步   B. 场不同步   C. 行/场均不同步   D. 音视频不同步

  E. 亮色不同步

16. I²C 数字化彩色电视机维修时,检修音频系统故障常用的方法有( )。

  A. 干扰法   B. 信号注入法   C. 信号提取法   D. 电压法

  E. 直接观察法

17. 数字化彩色电视机的 I²C 总线的作用不包括( )。

  A. 接收高频信号

  B. 左右枕形失真校正

  C. 进入维修模式

  D. 通过对总线地址的选择,控制整机的工作状态

  E. 上下枕形失真校正

18. 数字电视接收机是指接收机内置数字电视接收调谐器和 MPEG 解码器,能( )的设备。

  A. 调制低频信号   B. 接收并调制射频信号

  C. 解码并显示数字电视信号   D. 调制高频信号

  E. 接收低频信号

19. 常见的数字化电视机接收电路故障可能表现在( )。

  A. 全部台雪花大   B. 一部分台雪花大   C. 一条亮线   D. 滚屏

  E. 无彩色

20. 数字电视接收设备可以分为( )。

  A. 数字电视接收机   B. 数字电视机顶盒   C. 电视显示器   D. 电视连线

  E. 激光视盘机

21. 数字电视有伴音,无图像,说明故障可能发生在( )电路。

  A. 音频 D/A 转换   B. 放大   C. 视频编码   D. 视频输出

  E. 音频解码

22. 下列( )不是视频解码电路故障引起的故障现象。

  A. 开机黑屏,字符显示正常   B. 开机有伴音,无光栅而且黑屏

  C. 无伴音   D. 屏幕出现一条亮线

  E. 图像左右枕形失真

23. 数字卫星接收机视频电路发生故障主要表现为( )。

  A. 有声音、无图像   B. 图像色彩异常   C. 无伴音   D. 伴音失真

  E. 声音时有时无

24. 数字卫星接收机视频电路发生故障,在检修之前,应先检查( )再打开机盖对接收机进行检修。

A. 视频电缆是否插好　　　　　　　　B. 视频电缆是否有折断现象

C. 数字机是否处于接收广播正常状态　　D. 伴音电路

E. 喇叭

25. 无伴音,图像正常,喇叭里完全无声。这种情况的原因通常是(　　)等。

A. 伴音中放、低放部分无工作电压　　B. 喇叭短路或损坏

C. 电路元件有脱掉　　　　　　　　　D. 喇叭断路或损坏

E. 电路元件内部短线

26. 下列(　　)是构成数字化电视机的解码器的组成部分。

A. 亮度通道　　　　B. 色度通道　　　C. 副载波恢复电路　　D. 电源电路

E. 视频点播电路

27. (　　)是彩色电视机中的行扫描电路的主要作用。

A. 供给行偏转线圈线性良好的锯齿波电流

B. 从行输出级和场输出级引出行、场电流加给会聚线圈进行会聚校正

C. 让行、场输出电流相互调制以后,再送入偏转线圈进行枕形失真校正

D. 输出列阶跃信号供给行消隐电路、色同步脉冲选通电路作为开关脉冲

E. 输出行阶跃信号供给行消隐电路、色同步脉冲选通电路作为开关脉冲

28. 大屏幕电视机新型场扫描电路故障的表现形式有(　　)。

A. 黑屏,无字符显示　　　　　　　　B. 中间一条水平短亮线

C. 枕形失真　　　　　　　　　　　　D. 屏幕1/3或2/3处水平短亮线

E. 彩虹雾状光栅

29. 数字化电视机彩虹雾状光栅检修时,注意(　　)。

A. 可以长时间通电试机　　　　　　　B. 不可以长时间通电试机

C. 不可随意断开场输出的引脚试机　　D. 可随意断开场输出的引脚试机

E. 随时关机

30. 数字化电视机扫描系统一般由(　　)等部分组成。

A. 行扫描电路　　　B. 场扫描电路　　　C. 枕形失真校正　　D. 黑白平衡校正

E. 功率因数校正

31. 数字化电视机行扫描电路出现故障时,常会引起(　　)现象。

A. 三无　　　　　　　　　　　　　　B. 伴随着继电器"嗒嗒"发响

C. 冒烟　　　　　　　　　　　　　　D. 发热

E. 自动关机

32. 下列(　　)可以作为场扫描电路故障部位的判断方法。

A. 观察法　　　　　　B. 电压法　　　　C. 波形法　　　　D. 信号干扰法

E. 触摸法

33. 利用观察法检查扫描电路故障时,看到光栅(　　),其故障原因在场输出级升压电路,而且场升压电容失效的可能性最大。

A. 顶部略有压缩　　　　　　　　　　B. 顶部有数根密集的回扫线

C. 有的机型还无字符　　　　　　　　D. 从上到下有的部分光栅密,有的部分光栅稀

E. 在垂直方向线性差

34. 电视机场输出IC损坏后会造成(　　)。

A. 滚屏
B. 场扫描电路工作失常
C. 引起枕形失真
D. 无伴音
E. 无音频输出

35. 关于滤波电路的作用,说法错误的是(　　)。
A. 将脉动成分滤掉
B. 使输出电压成为比较平滑的直流电压
C. 加入脉动成分
D. 使输出电压成为变换均匀的交流电压
E. 使输入电压成为变换均匀的交流电压

36. 数字化电视机电源不启振,各路输出均为0,这种故障说明(　　)。
A. 开关电路不能启振
B. 开关电路能启振
C. 应着重检查启动电阻、正反馈电路、开关管等
D. 开机后保险丝烧坏
E. 开关管能振荡

37. 数字电视机若开机后只烧交流保险丝,说明(　　)中存在着严重的短路现象。
A. 交流输入路径　　　B. 整流滤波电路　　　C. 直流输入路径　　　D. 直流输出路径
E. 高频滤波电路

38. 电视有伴音、无光栅、无图像,说明(　　)等电路没有故障。
A. 电源电路　　　B. 伴音电路　　　C. 行扫描电路　　　D. 伴音通道
E. 公共通道

39. 一般彩色电视机的行扫描电路由(　　)组成。
A. 自动频率调整(AFC)电路
B. 行振荡电路
C. 行激励电路
D. 行输出电路
E. 电源电路

40. 行扫描电路的作用有(　　)。
A. 在彩色电视机中是为显像管的电子束产生水平偏转的驱动的电路
B. 利用行的逆程脉冲,经整流后供给显像管阴极高压、加速电压、聚焦极电压以及高频调谐器、中放、视放、伴音等的高、中、低电源电压
C. 输出行脉冲供给行消隐电路、色同步脉冲选通电路、PAL开关的双稳态电路、开关稳压电源作为开关脉冲等
D. 除新型的自会聚显像管不需要专门设置会聚电路外,一般要从行输出级和场输出级引出行、场电流加给会聚线圈进行会聚校正
E. 让行、场输出电流相互调制以后,再送入偏转线圈进行枕形失真校正

41. 下列属于场扫描电路的任务的是(　　)。
A. 要有足够的幅度,使电子束扫满荧光屏
B. 线性良好,即电子束的扫描速度在屏幕上各处都是相同的。如果速度不等的话,在快的地方图像被拉长,慢的地方图像被压缩
C. 能送出场消隐信号
D. 锯齿波电流的幅度、频率、线性等都能随时调整,并具有良好的稳定性和抗干扰能力
E. 在没有外来信号时,能送出50 Hz的锯齿波电流形成光栅;在有外来同步信号时,就被控制到与外来信号同步的频率上

42. 为了和场偏转线圈的阻抗匹配,便于附加会聚和枕形失真电路,通常在场输出级采用（　　）。

　　A. 变压器耦合电路　　　　　　　　　　B. 无输出变压器的 OTL 电路
　　C. 输出变压器的 OTL 电路　　　　　　 D. 耦合电路
　　E. 输出级电路

43. 下面是电视机扫描电路常用检修方法的有（　　）。

　　A. 行激励管和行输出管的发射结电压及集电极直流电压测量法
　　B. 行推动空压器初级短路法;行输出变压器次级电压测量法
　　C. 行推动管和行输出管的集电极交流 dB 电压测量法;行推动管基极信号注入法
　　D. 经过用户同意后,采取的升降温法
　　E. 更换屏幕

44. 下列是扫描电路常见故障的有（　　）。

　　A. 屏幕上无光　　　　　　　　　　　　B. 画面在水平方向上出现两个以上的相同图像
　　C. 屏幕中间出现一条水平亮线　　　　 D. 画面在垂直方向上出现两个以上的相同图像
　　E. 画面在水平方向上出现马赛克

45. 仅彩色解码故障不可能有（　　）现象。

　　A. 有图像但图像异常　　B. 滚屏　　　　C. 一条亮线　　　　 D. 有图无声
　　E. 喇叭有噪声

46. 音频信号解码装置的解码代码串并输出音频信号包括（　　）。

　　A. 压缩单元　　　　B. 提取单元　　　　C. 控制单元　　　　 D. 解码单元
　　E. 播放单元

47. 以下关于数字有线电视系统中的音频解码方式不正确的是（　　）。

　　A. MPEG-I　　　　B. D/A 变换　　　　C. MPEG-2　　　　 D. DVD
　　E. CD

48. 视频信号采集系统包括帧存储器、彩色副载波提取和（　　）。

　　A. 视放　　　　　B. 振荡电路　　　　C. 时钟发生器　　　 D. 复合同步提取电路
　　E. 帧同步信号产生电路

49. 视频信号的编码方式包括（　　）。

　　A. 复合编码　　　　B. 分量编码　　　　C. 控制编码　　　　 D. 视频编码
　　E. 数字编码

50. 作为接收和显示（　　）三大制式的模拟电视信号的模拟电视接收机经历几十年模拟处理的漫长历程后,从 20 世纪 80 年代开已进入数字处理阶段。

　　A. SECAM　　　　B. SCAN　　　　C. PAL　　　　 D. NTSC
　　E. NEC

51. 由集成电路与分立元件混合组成的电路与全分立元件构成的 VM 电路的最大不同之处是:微分增幅电路包含在小信号处理集成块中,分立元件只构成（　　）。

　　A. 激励及输出电路　　B. 放大电路　　　C. 输出电路　　　　 D. 放大与输出电路
　　E. 波形整形电路

52. 下列（　　）不是数字化彩色电视接收机结构调谐器模块中 STL 引脚电压的正常值。

　　A. 38 V　　　　B. 12 V　　　　C. 15 V　　　　 D. 30 V

E. 3 V

53. 下列（　　）不是数字化电视机接收电路中视频信号处理电路结构的图像中频频率。

　　A. 5 MHz　　　　B. 6.5 MHz　　　　C. 12 MHz　　　　D. 38 MHz

　　E. 3 MHz

54. 亮度信号编码方程表明用三基色来显示一个彩色量时，各基色对亮度 Y 组成的比例关系是恒定的，比例系数（　　）称为可见度系数。

　　A. 0.30　　　　B. 0.59　　　　C. 0.11　　　　D. 0.99

　　E. 1.1

55. NTSC 制的解码器主要由（　　）组成。

　　A. 亮度通道　　B. 矩阵电路　　C. 色度通道　　D. 副载波恢复电路

　　E. 逻辑电路

56. 亮度通道的作用主要是对亮度信号进行（　　），延迟的目的是使 Y、I、Q 在到达的时间上保持一致。

　　A. 提高亮度　　B. 延迟　　　　C. 陷波　　　　D. 减小强度

　　E. 混合

57. 关于整流电路的工作，以下说法不正确的是（　　）。

　　A. 运用了具有单向导电性能的整流元件

　　B. 变换方向和大小都变化的 50 Hz 交流电

　　C. 将交流电变为方向不变但大小仍有脉动的直流电

　　D. 将交流电变为无脉动的交流电

　　E. 运用了具有双向导电性能的整流元件

58. 数字化电视机的 SECAM 制中，色度信号的传送（　　）。

　　A. 用调频方式　　　　　　　　　　B. 用调幅方式

　　C. 传输中引入的微分相位失真的影响较大　　D. 传输中引入的微分相位失真的影响较小

　　E. 两个色差信号分别对两个不同频率的副载波进行频率调制

59. 在数字化电视机的 SECAM 接收机中（　　）。

　　A. 幅度失真的影响很小　　　　　　B. 幅度失真的影响很大

　　C. 调频信号在鉴频时进行限幅　　　D. 调频信号在鉴频前进行限幅

　　E. 调频信号在鉴频后进行限幅

60. PWM 法是把一系列脉冲宽度均相等的脉冲作为 PWM 波形，通过改变（　　）可以调压。

　　A. 占空比　　　B. 脉冲的宽度　　C. 脉冲的幅度　　D. 脉冲的频率

　　E. 脉冲的相位

61. A/D 转换一般要经过（　　）4 个过程。

　　A. 采样　　　　B. 保持　　　　C. 量化　　　　D. 编码

　　E. 解码

62. 数字化电视机的图像伴音等单元电路工作电源的电力由（　　）供给。

　　A. 一般电源

　　B. 开关稳压电源

　　C. 电池

　　D. 回扫变压器主级绕组提供的脉冲经整流滤波

E. 回扫变压器次级绕组提供的脉冲经整流滤波

63. 数字化电视机的图像伴音等单元电路工作电源的微电脑控制(　　　)不同,但在待机状态时应保持为电脑供电的状态。
    A. 电源的电压　　　　B. 电源的稳定　　　　C. 电源的方式　　　　D. 电源电路组成
    E. 电源电路结构

64. I²C 总线是具备多 CPU 系统所需(　　　)高等功能的高性能串行总线。
    A. 仲裁　　　　　　B. 伺服　　　　　　C. 控制　　　　　　D. 高低速设备异步
    E. 高低速设备同步

65. I²C 总线是各种总线中使用信号线根数最少,并具有(　　　)等功能的总线。
    A. 多主机时钟异步　　B. 多主机时钟同步　　C. 半自动寻址　　　　D. 自动寻址
    E. 仲裁

66. 以下(　　　)组成了数字电视机软件调试的步骤。
    A. 项目选择与调整　　B. 他检模式　　　　C. 自检模式　　　　D. 控制模式
    E. 维修模式

67. 为了确定所需要的(　　　),在选择数据复制解决方案时首先应从业务影响分析入手。
    A. 恢复效率　　　　　B. 恢复点目标　　　C. 恢复时间目标　　D. 恢复空间时间
    E. 恢复时间速度

68. 电视机维修模式进入方法:① 同时按住本机按键(　　　),再按一下本机按键 POW 打开电视机电源;② 屏幕左上角出现 K 字符后,松开第二个键;③【VOL−】再按一下【CH−】,即可进入工程模式。
    A.【CH−】　　　　　B.【TV/AV】　　　C.【VOL−】　　　　D.【P+】
    E.【P−】

69. 如升级失败,请(　　　),整机有记忆模式,会完成升级任务。
    A. 直流关机　　　　　B. 交流关机　　　　C. 重新开机　　　　D. 重新升级
    E. 以上全是

70. 数据存储技术的要点是(　　　)。
    A. 将电视机 FLASH 存储器中存储有程序并且有剩余空间的擦出块单元区域划分为若干个存储单元并记录下存储单元的起始与结束地址
    B. 每个存储单元存储一个参数,根据参数的长度确定该参数的存储空间大小
    C. 将需要存储的参数存储进去,需要修改时找到该参数的存储单元
    D. 将修改的参数值紧接着存储在当前值后
    E. 需要调用时从结束地址反向查找到第一个非空的区域存储值就是当前参数值

三、判断题(对的画"√",错的画"×")

(　　) 1. 高频通道的功能是接收高频信号而输出彩色全电视信号和伴音信号。
(　　) 2. 彩色电视中的音频放大器采用两个三极管直接耦合,其目的是减少交连电容损失。
(　　) 3. PAL 制式解码电路包含 ACC 放大和检波电路。
(　　) 4. 数字电视机的亮度信号是通过频带约 50 MHz 的视频放大器进行传送。
(　　) 5. 数字化电视机的视频亮度信号和色度信号的传送速度是相同的。
(　　) 6. 彩色电视机电源电路故障可能造成开机后电视机无任何反应。

（　　）7. 多制式彩色电视机无彩色的原因可能是伴音电路故障。

（　　）8. 数字化彩色电视机有图无声现象常因伴音中频通道出现故障引起。

（　　）9. 数字化电视机屏幕上出现水平亮线故障多为行扫描电路不工作或损坏引起。

（　　）10. I²C数字化彩色电视机的I²C总线上的其他电路作为微处理器的受控器，具有相同的地址。

（　　）11. I²C数字化彩色电视机的I²C总线不但可以通过对总线地址的选择，控制整机的工作状态，还可以进入维修模式，对整机的工作状态、功能进行设置。

（　　）12. I²C数字化彩色电视机中，总线的SDA、SCL中某一线的电压很低或为零，是由于电压很低或为零的那根线存在断路故障导致的。

（　　）13. 显像管中的电子束扫描是通过偏转线圈实现的。

（　　）14. 假定在水平偏转线圈里通过锯齿形电流，当电流线性减小时，电子束在磁场的作用下从左向右作匀速扫描，这称为行扫描正程。

（　　）15. 画面在水平方向上出现两个以上的相同图像，这种故障一般是由于行振荡级的基极电阻阻值变大或电容的漏电增大使行振荡频率降低到15 625 Hz的1/2以下造成的。

（　　）16. 整流电路的作用是利用单向导电性能的整流元器件，将正负交替的正弦交流电压变换成为单方向的脉动电压。

（　　）17. 选台电路、触摸开关、选台集成块、调谐电压的驱动电路等部位出现故障会产生有伴音，图像失常的故障。

（　　）18. 能接收电视信号，但是在选台过程中信号不能被存储，此时故障发生在选台电路、触摸开关、选台集成块、调谐电压的驱动电路等部位，与信号通道有关。

（　　）19. 能接收电视信号，但是在选台过程中信号不能被存储，一定是伴音中放故障。

（　　）20. 数字卫星接收机视频输出电路主要包括由分立元件组成的阻抗匹配、钳位、耦合、滤波、放大、射随输出等单元电路，因机型不同，各单元电路有所取舍。

（　　）21. 数字化电视机在正确传送彩色信号方面，目前SECAM制式最好。

（　　）22. 数字化电视机的NTSC制的解码器，其任务是从彩色全电视信号中分离出R、G、B信号供彩色显像管使用。

（　　）23. 彩色电视机中的行扫描电路的主要作用是输出列阶跃信号供给行消隐电路、色同步脉冲选通电路作为开关脉冲。

（　　）24. 当屏幕上无光时，用示波器测量行输出管集电极上的反峰波形。当发现波形出现严重变化，幅度变小时，一般为高压整流二极管的反向电阻变小或高压包局部短路所致。

（　　）25. 电视机行扫描电路使行回扫变压器能够产生显像管所需要的低压和次低压。

（　　）26. 数字化电视机的屏幕中间出现一条水平亮线，说明场扫描电路出现故障。

（　　）27. 数字化电视机的屏幕中间出现一条水平亮线，证明行扫描系统正常，显像管各级电压都加上了。

（　　）28. 利用观察法检查扫描电路故障时，看到光栅顶部略有压缩并有数根密集的回扫线，有的机型还无字符。该故障原因在场输出级升压电路，而且场升压电容失效的可能性最大。

（　　）29. 电视机场输出IC损坏后不仅会造成场扫描电路工作失常，还会引起枕形失真。

（　　）30. 一般电视机的直流电源仅由电源变压器、滤波电路和稳压电路组成。

（　）31. 将交流 220 V 电压变成不同的直流电压的电源电路又被称为整流电路。

（　）32. 稳压电路的作用就是使输出的直流电压在电网电压或负载电流发生变化时仍保持电压稳定。

（　）33. 电源电路是彩电中故障率较高的部分。这主要是由于电源电路中的很多元器件工作在大功率、高反压状态。特别是在高温和高湿的环境中容易发生故障。

（　）34. 当行扫描电路不工作时，电源负载会过轻，各路输出电压会升高。

（　）35. 电视有伴音、无光栅、无图像，说明故障在亮度通道及显像管电路。

（　）36. 不用隔离变压器，彩电机架（底盘）就可能与交流零线相连，如不使用隔离变压器，也要使彩电的底盘与交流零线接通。

（　）37. 电视机的行扫描电路故障时可以通过元件所在电路的电阻测量、直流电压测量、直流电流测量来判断故障位置。

（　）38. 屏幕中间出现一条水平亮线，证明行扫描系统正常，显像管各级电压都加上了。电子束已打到屏幕上，只是上下拉不开。说明故障出在场扫描系统。

（　）39. 荧光屏的发光强弱取决于冲击电子的数量与速度。

（　）40. 假定在水平偏转线圈里通过锯齿形电流，当电流线性增大时，电子束在磁场的作用下从左向右作匀速扫描，这称为行扫描正程。

（　）41. 电视标准规定了行逆程系数 α 和帧逆程系数 β 分别为 $\alpha=T_{HR}/T_H=28\%$；$\beta=T_{ZR}/T_Z=28\%$。

（　）42. 电视逐行扫描故障可能出现屏幕闪烁。

（　）43. 有图像但图像异常，只有绿色和蓝色，造成这一故障的原因不可能是音频输出故障。

（　）44. 量化就是把在时间上离散化的信号在幅度上也离散化。

（　）45. 采样是每隔一定时间对数字信号的幅值进行测量，得到离散的幅值，用它代表两次采样之间的测量值。

（　）46. 数字音频的质量取决于采样频率和量化位数这两个参数。

（　）47. 数字有线电视系统中的数字音频经 A/D 变换送出左、右声道的声音信号。

（　）48. 视频信号采集系统包括：帧存储器、视放、彩色副载波提取和振荡电路、时钟发生器、复合同步提取电路、帧同步信号产生电路。

（　）49. 视频编码器中用于量化扫描 DCT 系数的量化器包括：存储器、存储执行器以及运算控制器。

（　）50. 视频信号的编码方式包括数字编码和分量编码两种。

（　）51. 数字化彩色电视接收机结构中视频信号的处理是用模拟电路完成的。

（　）52. 由集成电路与分立元件混合组成的电路与全分立元件构成的 VM 电路的最大不同之处是：微分增幅电路包含在小信号处理集成块中，分立元件只构成波形整形、放大、激励及输出电路。

（　）53. 喇叭里完全无声，这种情况通常是伴音中放、低放部分工作电压未加上，喇叭短线或损坏，电路元件有脱掉或内部短线等造成。

（　）54. 数字化电视机接收电路中视频信号处理电路结构的图像中频为 38 MHz。

（　）55. 假定在水平偏转线圈里通过锯齿形电流，当电流线性增大时，电子束在磁场的作用下从左向右作匀速扫描，这称为行扫描逆程。

（　）56. 亮度信号编码方程表明用三基色来显示一个彩色量时，各基色对亮度 Y 组成的比例关系是恒定的,比例系数(0.99;0.59;0.11)称为可见度系数。

(　　) 57. 目前国际上流行的三大彩色电视制式是正交平衡制、PALN 制和 SECAM 制。

(　　) 58. 亮度通道的作用主要是对亮度信号进行延迟和陷波,延迟的目的是使 Y、I、Q 在到达的时间上保持一致。

(　　) 59. 整流电路是利用具有单向导电性能的整流元件,把方向和大小都变化的 50 Hz 交流电变换为方向不变但大小仍有脉动的直流电。

(　　) 60. 二极管作为整流元件,要根据不同的负载特性加以选择。如选择不当,则或者不能安全工作,甚至烧了管子;或者大材小用,造成浪费。

(　　) 61. 目前的数字摄像机还不能通过电荷耦合器件(CCD)直接把光信号转变为数字信号,因为 CCD 输出的模拟信号很小,必须经过放大后进行数模转换(D/A 转换)才能得到数字信号。

(　　) 62. 采样、量化和编码是使数字号模拟化的基本过程。

(　　) 63. 在解码器中同样加有不同时延的延迟线,其目的与编码器中相同。为了抑制色度副载波对亮度信号的干扰,在 Y 通道中还接入了一个副载波陷波器。

(　　) 64. PAL 解码器的原理与 NTSC 解码器大致相同,不同之处是副载波形成电路要给 V 同步检波提供一个逐行倒相的副载波。

(　　) 65. 在 SECAM 制中,色度信号的传送采用调频方式,两个色差信号分别对两个不同频率的副载波进行频率调制,传输中引入的微分相位失真的影响较小。

(　　) 66. PWM 法是把一系列脉冲宽度均相等的脉冲作为 PWM 波形,通过改变脉冲列的周期可以调频,改变脉冲的宽度或占空比可以调压。

(　　) 67. A/D 转换器最重要的参数是转换的精度,通常用输入的数字信号的位数的多少表示。

(　　) 68. I²C 总线是双向、两线、串行、多主控(multi-master)接口标准,具有总线仲裁机制,非常适合在器件之间进行近距离、非经常性的数据通信。

(　　) 69. 视频放大器的带宽补偿方法有前端补偿、后端补偿、终端补偿。

(　　) 70. 伴音电路把中放电路输出的全电视信号经过高通滤波器取出伴音调频信号,再送入调频解调电路,最后输出声音信号。

(　　) 71. 在彩色电视机中,由于显像管屏幕尺寸和偏转角一般都很大,所以比黑白显像管枕形失真严重得多。

(　　) 72. I²C 总线是具备多 CPU 系统所需的包括仲裁和高低速设备同步等功能的高性能串行总线。

(　　) 73. I²C 总线是各种总线中使用信号线根数最少,并具有半自动寻址、多主机时钟不同步和仲裁等功能的总线。

(　　) 74. 数字电视机硬件调试的步骤包括进入维修模式、自检模式、项目选择与调整。

(　　) 75. 串口是一个接口名称,简称 COM 口,或者 RS232 接口。

(　　) 76. 利用电脑或程序拷贝数字化电视机的存储数据及程序软件的操作步骤为:利用专有线与电脑连接;电脑开机,数字化电视机开机;在电脑上建立新文件夹,以便装入要拷入的文件;进入数字化电视机中的待拷贝程序软件或者存储数据的路径;选取待拷贝程序软件或者存储数据;点击"复制"按钮;进入电脑中建立好的文件夹中,点击"粘贴"即可。

（　　）77. 选择数据复制解决方案首先应从业务影响分析入手，来确定所需要的恢复速度目标（RTO）和恢复点目标（RPO）。

（　　）78. 软件升级方法：插入升级 U 盘后，3 s 内整机会自动检测，会显示升级信息提示。

（　　）79. 若升级后，3 min 后发现整机未启动，确认灯不再闪烁，请交流关机再开机。

（　　）80. 检修数字化电视机时，拔出 U 盘、重新插入是在软件升级过程中出现等待超时故障的处理方法。

（　　）81. 数字化电视机在软件升级过程中出现等待超时的故障，处理的方法是关机重启。

（　　）82. 电视机与电脑连接的方法：第一，连接软件；第二，打开电视机；第三，启动电脑；第四，设置显卡。

（　　）83. 数字化电视机数据存储技术要点是将电视机 FLASH 存储器中存储有程序并且有剩余空间的擦出块单元区域划分为若干个存储单元并记录下存储单元的起始与结束地址。

参考答案

一、单项选择题

1. C	2. A	3. B	4. D	5. B	6. A	7. D	8. B	9. A	10. A
11. A	12. B	13. C	14. D	15. B	16. A	17. B	18. A	19. C	20. B
21. B	22. A	23. A	24. A	25. A	26. A	27. B	28. A	29. A	30. A
31. A	32. B	33. A	34. A	35. C	36. A	37. A	38. A	39. C	40. A
41. B	42. C	43. B	44. D	45. B	46. C	47. D	48. A	49. C	50. D
51. C	52. C	53. C	54. C	55. B	56. D	57. B	58. C	59. C	60. C
61. C	62. B	63. C	64. A	65. C	66. B	67. C	68. A	69. C	70. D
71. A	72. B	73. D	74. C	75. D	76. B	77. B	78. B	79. D	80. C
81. B	82. D	83. B	84. B	85. A	86. C	87. C	88. B	89. C	90. D
91. D	92. D	93. C	94. B	95. C	96. A	97. C	98. A	99. D	100. A
101. B	102. C	103. C	104. A	105. C	106. A	107. B	108. C	109. B	110. A
111. C	112. C	113. B	114. D	115. D	116. B	117. C	118. D	119. A	120. C
121. D	122. A	123. C	124. C	125. A	126. A	127. B	128. C	129. A	130. D
131. C	132. C	133. B	134. A	135. A	136. D	137. D	138. D	139. C	140. C
141. D									

二、多项选择题

1. ABC	2. ABD	3. ABC	4. AB	5. AC
6. ABCD	7. AB	8. ACDE	9. ABCD	10. AB
11. ABD	12. ABC	13. ABC	14. ABC	15. ABC
16. ABCD	17. ABE	18. BC	19. AB	20. ABC
21. CD	22. CDE	23. AB	24. ABC	25. ABCDE
26. ABC	27. ABC	28. ABCDE	29. BC	30. AB
31. AB	32. ABC	33. ABC	34. BC	35. CDE

36. ABC	37. AB	38. ABCDE	39. ABCD	40. ABCDE
41. ABCDE	42. AB	43. ABC	44. ABC	45. BCD
46. BDE	47. BDE	48. ABCDE	49. AB	50. ACD
51. ABE	52. ABCE	53. ABCE	54. ABC	55. ABCD
56. BC	57. DE	58. ADE	59. AD	60. AB
61. ABCD	62. BE	63. CE	64. AE	65. BDE
66. ACE	67. BC	68. BC	69. BC	70. ABCDE

三、判断题

1. √	2. √	3. √	4. ×	5. ×	6. √	7. ×	8. √	9. ×	10. ×
11. √	12. ×	13. √	14. ×	15. √	16. √	17. √	18. ×	19. ×	20. √
21. √	22. √	23. ×	24. √	25. ×	26. √	27. √	28. √	29. √	30. ×
31. √	32. √	33. √	34. √	35. ×	36. ×	37. √	38. √	39. √	40. √
41. ×	42. √	43. √	44. √	45. √	46. √	47. √	48. √	49. ×	50. ×
51. ×	52. √	53. √	54. √	55. √	56. √	57. √	58. √	59. √	60. √
61. √	62. ×	63. √	64. √	65. √	66. √	67. √	68. √	69. ×	70. √
71. ×	72. √	73. ×	74. ×	75. √	76. √	77. √	78. ×	79. √	80. √
81. ×	82. ×	83. √							

第四单元 维修激光视盘机

学习目标

（1）掌握激光视盘机的整机构成。
（2）掌握激光视盘机各组成部分的功能。
（3）掌握激光头组件的结构和光盘信息的读取原理。
（4）掌握激光头组件的故障维修。

考核要点

考核类别	考核范围	考 核 点	重要程度
维修激光视盘机	激光视盘机故障分析、诊断和排除	激光视盘机的整机构成	★★★
		激光视盘机的精密机械单元的功能	★★★
		全息式激光头的结构	★★
		全息式激光头的光路原理	★★
		激光视盘机激光头的功能	★★★
		激光视盘机伺服系统的概念	★★
		激光视盘机伺服系统的控制对象	★
		激光视盘机伺服系统组成	★★★

考核类别	考核范围	考 核 点	重要程度
维修激光视盘机	激光视盘机故障分析、诊断和排除	激光视盘机伺服系统工作原理	★★★
		激光视盘机伺服系统构成	★★★
		聚焦伺服机构的功能	★★★
		循迹伺服机构的功能	★★★
		滑行伺服机构的功能	★★★
		主导轴伺服机构的功能	★★★
		激光视盘机的信号处理系统功能	★★★
		激光视盘机的视频信号处理电路工作流程	★★
		激光视盘机的控制系统功能	★★★
		激光视盘机的显示系统功能	★★★
		激光视盘机的电源电路功能	★★★
		激光视盘机的显示系统功能	★★★
		激光视盘机的电源电路工作原理	★★★
		激光视盘机的工作原理	★★★
		激光视盘机 RF 放大器的主要功能	★★★
		激光视盘机数字信号处理电路的主要功能	★★★
		激光头组件的结构	★★★
		光盘信息的读取原理	★★★
		激光器常采用的物理机构	★★★
		激光头组件的故障现象分析	★★★
		激光头组件的故障检修	★★★
		激光头脏污老化的处理流程	★
		数字信号处理电路的结构	★
		数字信号处理电路的信号流程	★★★
		数字信号处理电路的常见故障现象	★★★
		数字信号处理电路的故障定位	★★★
		数字信号处理电路的故障检修	★★★
		伺服系统的构成	★★★
		伺服系统的工作原理	★★★
		聚焦伺服的作用	★★★
		FOK 信号检测电路的工作原理	★★★
		循迹伺服系统的作用	★★★
		直接检测法的概念及优缺点	★★
		AM 检测法的概念及优缺点	★★
		进给伺服系统的作用	★★★

续表

考核类别	考核范围	考 核 点	重要程度
维修激光视盘机	激光视盘机故障分析、诊断和排除	主导轴伺服系统的作用	★★★
		伺服系统的常见故障	★★★
		伺服系统的故障检修	★★★
		数据选通与位时钟恢复	★★
		数字信号处理电路的同步信号检测	★★
		系统控制电路的构成	★★★
		控制电路的常见故障	★★★
		控制电路的故障检修	★★★
		A/V 解码电路工作原理	★
		D/A 变换器工作原理	★
		A/V 解码电路故障检修	★★★
		电源电路工作原理	★★★
		电源电路常见故障	★★★
		电源电路故障检修	★★★
	激光视盘机调试	激光视盘机的调试要点	★★★
		激光视盘机的装载系统的工作原理	★★★
		激光视盘机的进给系统的工作原理	★★★
		激光头的装载系统进行调试的方法	★★
		激光头的进给系统进行调试的方法	★★
		循迹平衡调试	★★★
		循迹增益调试	★★★

考点导航

一、激光视盘机的结构，工作原理，故障分析、诊断和排除

1. 激光视盘机的整机构成以及各组成部分的功能
（1）精密机械。
激光视盘机的精密机械包括电机及驱动部分、光盘进给部分、激光头进给部分等。
（2）激光头。
激光头组件是集机、电、磁、光于一体的复杂组件，各个部分都协调一致才能正常工作，拾取信息。无论是 VCD 机还是 DVD 机，激光头主要由激光产生（发射）系统、激光传播系统（光路或激光枪）和激光接收系统等部分构成。

目前，激光视盘机的机芯大致分为 VCD 机芯与 DVD 机芯两类。其最大的区别在于拾取光盘信息的激光头不同。VCD 机芯采用激光波长为 $780\ \mu m$ 的红外激光器与数值孔径 $NA = 0.45$ 的物镜构成的激光头，形成直径小于 $1\ \mu m$ 的光点来识读信息面深度为 1.2 mm 的 VCD 光盘；由于 DVD 激光头读出信号的轨迹更细，所以在精度方面要求更高，使用的物镜的数值

孔径 $NA = 0.6$，激光器发出的激光波长为 $\lambda = 650$ nm，跟踪光盘信息面上的轨道间距为 0.74 μm、最短凹坑长为 0.4 μm 的轨迹。图 1-3-27（a）所示为 VCD 激光头光束识读光盘示意图；图 1-3-27（b）为 DVD 激光头光束识读光盘示意图。

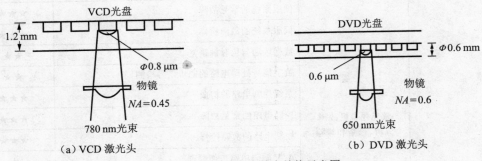

图 1-3-27　激光头基本结构示意图

（3）伺服系统。

激光视盘机激光头获得聚焦误差和循迹误差信号，而让物镜做上下移动，以完成聚焦。使物镜做径向运动以正确扫描信迹的是循迹伺服机构，这就是激光视盘机的伺服系统。

伺服系统除提供正确的聚焦及循迹外，还具有随机选取播放曲目功能，以及伺服的系统控制功能。如图 1-3-28 所示 DVD 机的伺服机构，它包括聚焦伺服、循迹伺服、使整个激光头做径向移动的滑行伺服机构以及控制光盘旋转，以保证激光头相对于信迹的恒定速度移动的主导轴伺服机构等。

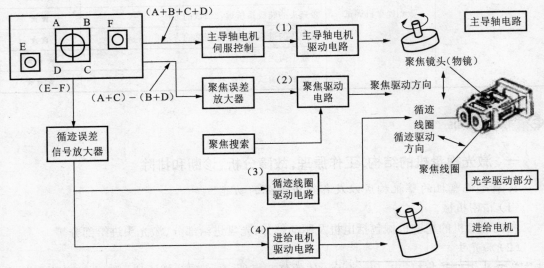

图 1-3-28　DVD 机的伺服电路方框图

（4）信号处理系统。

信号处理系统包含数字信号的提取和处理电路、伺服信号处理电路以及音频、视频信号的解码处理电路等部分。

音频、视频解压缩电路是将 VCD 机的数字信号处理电路（DSP）输出的数字信号进行解压缩处理，最后还原出音频、视频信号的电路。

VCD 与 DVD 都是采用激光读取技术和解压缩技术,把存储在光盘上的音视频压缩信息解压缩还原成清晰度不同的图像和声音的视盘机。其中 DVD 读取和解码用 MPEG-2 编码光盘,而 VCD 读取和解码用 MPEG-1 编码光盘。

(5)控制系统和显示系统。

控制系统电路是整个视盘机的控制指挥中心,它担负着对整机工作的协调控制,是一个以微处理器为核心的自动控制电路。它是由主控微处理器(CPU)、操作电路、多功能显示器以及加载驱动、机械状态开关、复位电路等部分构成的。

激光视盘机往往具有多功能显示。它可以将各种控制状态实时地显示在 VFD 荧光屏上,或者显像管上,可以显示中/英文,使操作更加直观。另外,在有些激光视盘机中,系统控制还具有故障自动检测功能,当某些功能出故障不能完成规定程序时,故障现象会以特殊符号显示在 VFD 荧光显示屏上。

(6)电源电路。

电源电路的作用是将 220 V 的交流市电,经变压、整流、滤波、稳压等处理后,转变为各种所需的稳定直流电,供激光视盘机各系统电路使用。DVD 机一般采用开关电源电路板。交流 220 V 电压经过桥式整流、滤波后变成直流 300 V 电压,再经过开关晶体管和开关变压器形成音频振荡信号。音频开关脉冲经开关变压器后变成多组开关脉冲信号,分别经整流滤波后输出多组直流电压,再给各电路模块供电。

2. 电原理图

VCD 整机电路方框图如图 1-3-29(a)所示。

DVD 整机电路方框图如图 1-3-29(b)所示。

其中 DVDP 系统的作用是正确读取 DVD 光盘上记录的信息并进行信道解调(EFM-plus)和 RSPC 纠错解码,该系统通常包括机芯(又包括激光机芯和装载机构)、伺服系统、主信号处理(包括 RF 处理、EFM-plus 解调及 RSPC 解码等)及 DVDP 控制系统等功能模块。

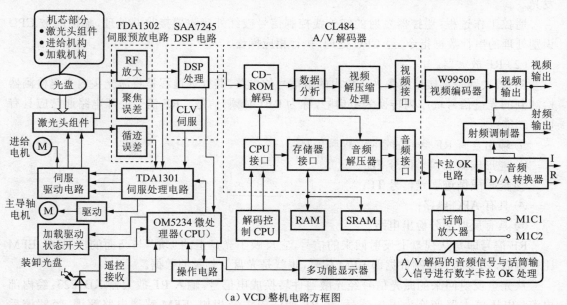

(a)VCD 整机电路方框图

图 1-3-29 整机电路方框简图(未完)

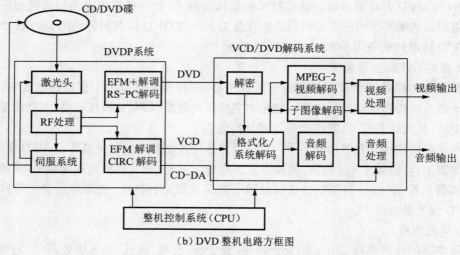

（b）DVD 整机电路方框图

图 1-3-29　整机电路方框简图

3. 工作原理

（1）开机工作过程。

面板控制工作过程：当按下某键时，PT6312 内部矩阵扫描电路产生操作指令码，并将其转换为串行数据输送给系统 CPU，经 CPU 内部处理后发出相应指令，从而执行相应操作。

显示驱动和显示过程系统：CPU 输出显示串行数据指令至 PT6312 内部处理后，PT6312 分别输出位显示和段显示驱动控制电压给 VFD 控制级。交流 3.5 V 供 VFD 灯丝电压，-16.0 V 使加热电子发射，-21 V 为加速极电压，使发射电子获得足够的动能轰击荧光粉，使 VFD 发光。

遥控工作过程：遥控器发射的红外线控制信号被红外接收器接收并处理，输出能被 CPU 识别处理的串行数据指令，经 CPU 处理，执行相应操作。

（2）RF 放大器。

RF 放大器是直接处理激光头输出的电信号的电路，其处理过程是将激光头内光电检测器检测到的光盘信号坑序列转换为电信号，称为 RF（射频）信号。RF 信号处理电路通常应具有以下功能：

① 输出含有 RF 信号的音频/视频信号；

② 能形成聚焦误差信号 FE；

③ 能形成循迹误差信号 TE；

④ 具有 APC 电路；

⑤ 具有反射部分检出电路。

RF 信号即是从视盘上反射回来的信号，它反映了光盘上的"坑"与凸面的情况，经 EFM 比较器后，就变为二进制数据即 EFM 信号，也就是光盘上刻录的数据。

从光盘反射回来的激光信号经光敏器件转换成电信号，输入 RF 放大器 KB9223；经内部电流-电压放大器变换为电压信号，送 RF 加法放大器相加、EFM 解调电路解调，经解调后的 EFM 信号输出至 DSP 处理器 KS9284，经内部纠错和 DSP 处理后，输出 CD-LRCK、CD-

DATA、CD-BCK 信号,送解码电路进行解压缩处理。

(3) 数字信号处理电路。

图 1-3-30 是 DVD 机的信号处理过程简图。由图 1-3-30 知,DVD 机信号处理过程可以分为 4 个阶段,即信号读取、数据处理、信号解码(解压缩)和模拟信号处理等阶段,每个阶段对信号的具体处理过程,将在后文作具体介绍。

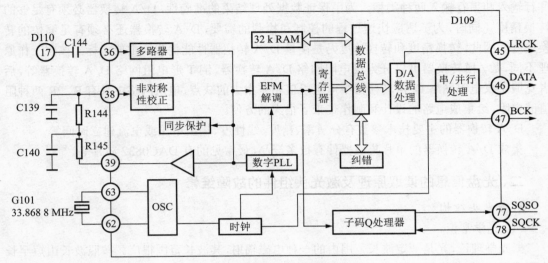

(a) 新科 VCD 数字信号处理电路框图

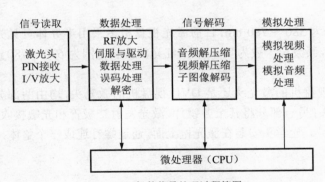

(b) DVD 机的信号处理过程简图

图 1-3-30 VCD 机与 DVD 机的信号处理过程简图

数字信号处理(DSP,Digital Signal Processing)电路在激光视盘机中是关键的信号处理电路之一。当光盘转速达到标准后,由光电二极管检测到的电信号,就是与光盘上坑点变化规律相同的数字信号。该信号频率较高,达 4.321 8 MHz,故称 RF 高频信号。RF 信号经放大后,一路送往伺服电路与同步信号进行相位比较,产生使主导轴线速度恒定的伺服误差信号及循迹信号;另一路送往锁相环电路 PLL,由 RF 信号中产生位时钟信号,作为解码的基准时钟。此外,在 RF 中还包含有代表数据帧的所有数码信号,即包含有光盘存储的图像、伴音及其他控制信息等。DSP 电路有以下三个主要功能:

① 由 EFM 信号产生位时钟 BCLK 信号,作为信号处理的基准信号。

② 进行 EFM 调制的逆变换,把 14 位 EFM 信号恢复为调制前的 8 位(一个字节)二进制数码,并进行纠错运算,保证传送的数据信息与录制前完全一样。

③ 将帧编码切块,分离出同步信号、各种子码信号、左右声道时钟信号(LRCK)以及图像、声音信号等。

(4) 数/模转换器。

数/模转换器的作用是将数字信号转换为模拟信号,即实现 D/A 转换的电路,也称为 D/A 转换器,简写为 DAC（Digital-Analog Converter）。在 D/A 转换器数字量的输入方式上,有并行输入和串行输入两种类型。为了保证数据处理结果的准确性,D/A 转换器必须有足够的转换精度。同时,为了适应快速过程的控制和检测的需要,D/A 转换器还必须有足够快的转换速度。因此,转换精度和转换速度乃是衡量 D/A 转换器性能优劣的主要指标。按照工作原理不同,数/模转换器可以分为权电阻网络 D/A 转换器、倒 T 形电阻网络 D/A 转换器等,后者克服了权电阻网络 D/A 转换器中电阻阻值相差太大的缺点,电阻网络中只有 R、2R 两种阻值的电阻,给集成电路的设计和制作带来了很大的方便。

D/A 转换器的主要技术参数有分辨率、精度、线性度、输出电压或电流建立时间等。

集成 D/A 转换器的单片集成器件有很多产品,最常见的有 DAC0832 芯片等。

二、光盘信息的读取原理及激光头组件的故障维修

1. 激光头结构

(1) 光学常识。

据光学理论,光是一定波长范围内的一种电磁辐射,其波长范围很广。按照波长由短至长的变换规律,可将电磁波简单地分为宇宙射线、紫外线、可见光、红外线和无线电波。

(2) 激光。

可见光的波长为 380 ～ 780 nm,目前激光视盘机多采用半导体可见光激光器作为光源,此激光为红色激光,其波长一般为 780 nm（红光的波长范围为 630 ～ 780 nm）。

(3) 激光器。

无论是 VCD 视盘机的激光头还是 DVD 视盘机的激光头,均由两部分组成:一部分为物镜机构,俗称光学头;另一部分将其余各镜片、激光发射二极管和光敏接收器安装在同一个腔体内,俗称"激光枪"。光学头安装在激光枪上面,通过螺钉连成一个整体,构成激光头组件。

2. 光路系统

(1) 光学器件。

① 激光和光电二极管装置。

激光二极管(LD)发射一束低功耗红外激光,它的功率值保持恒定,其大小与光电二极管(PD)和自动光功率控制电路(APC)有关。

② 衍(绕)射光栅。

衍射光栅是一个非常小的透镜,它类似于在摄影中用来产生多个影像的"附加"镜头,其作用是使单一的激光束分裂成三个激光束。中间的光束是主光束(实线),用于从光盘上拾取数据,并维持激光束在光盘上聚焦;在主光束两旁的激光束(虚线)为辅助光束,用于为伺服系统提供循迹误差信息。

③ 偏振光束分离器(偏振棱镜、半透棱镜)。

偏振光束分离器的作用是使直射激光束透过棱镜到达光盘,同时将光盘上反射回来的激光束折射向光电检测器阵列 A、B、C、D、E、F。

④ 准直透镜。

准直透镜与物镜结合在一起,保证激光头的光学装置具有正确的焦距。

⑤1/4 波长板(偏振滤波器或极化滤波器)。

1/4 波长板的作用是对激光束进行极化,使直射光束和反射光束相位相差 90°,有利于光电检测器阵列检测反射光电信号。

(2)光检测器。

单光束系统的光敏检测器由 4 只光电二极管组成,根据其聚焦方法的不同可采用平行排列或方阵排列。4 只光电二极管具有如下功能:① 将反射光变为 RF 信号;② 产生聚焦误差信号 FE;③ 产生循迹误差信号 TE。

3.激光视盘机的数字信号处理电路的结构及信号流程

(1)数字信号处理电路方框图。

图 1-3-31 是某国产 VCD 信号处理电路方框图。

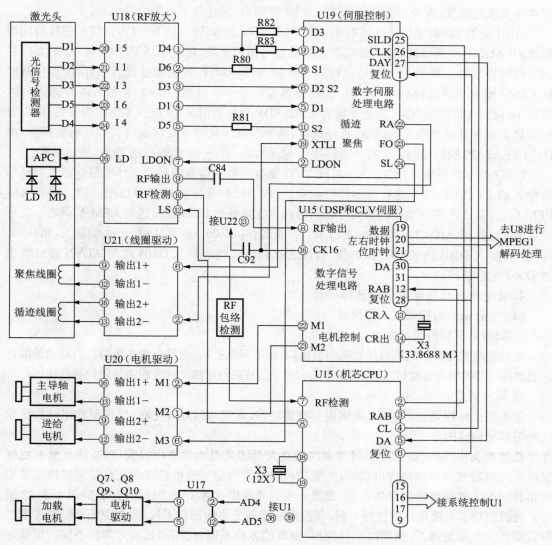

图 1-3-31 某国产 VCD 信号处理电路方框图

（2）数字信号处理及流程。

以新科 858 型 DVD 视盘机为例介绍信号处理电路及信号流程。

① 信号处理电路组成。

新科 858 型 DVD 视盘机的光盘信号处理电路主要由 RF 信号处理电路 Dlll，CD 数字信号处理电路 D107，CD、DVD-ROM 解调电路 D101 及 4 MB 存储器 D105 等组成，可将光盘信号处理成供解码器用的码流。其中 Dlll CXD1889R 与 D101 CXD1866R 组成 DVD 光盘信号处理的主体电路，为向下兼容播放 VCD 与超级 VCD 等光盘，增设了一个 CD 格式的光盘信号处理电路 D107 CXD3008。

② 光盘信号处理电路的工作原理。

D111 是 RF 信号处理的主体电路。播放期间先将 KHM-2100AAA 型机芯中激光头读取的旋转光盘上的信息，分别从 ⑪ ～ ⑭ 脚送入，进行 RF 求和放大，放大到足以满足数字信号处理电路要求的幅度，再经均衡补偿处理后从 ㊹ 脚输出，送往数字信号处理电路。

D101 是 DVD 数字信号处理的主体电路，首先对 ⑲ 脚输入的 RF/DVD 信号进行自动增益控制（AGC）、均衡补偿、数字限幅等前期处理与锁相处理，前者形成 EFM+ 位流，后者产生同步位时钟信号。其中 EFM+ 位流经同步检测、帧同步与扇区同步处理后，利用同步位时钟把 EFM+ 位流送入 EFM+ 解调器。该解调器实际是一个具有（16+2）位输入端存储阵列组成的 16 位到 8 位转换电路，配合外挂的 4 MB SDRAM，利用其 16 位到 8 位固定关系，以查表形式解调恢复其原来顺序的码流；再经纠错、插补与同步化校正处理重建其节目码流样本，由 D101 内 ATAPI 接口的㊵、㊶、㊸ ～ ㊺、㊼ ～ ㊿、㊾、㊿、㊋ ～ ⑥⓪ 脚输出送 D001 进行解码。

D107 是专门用来进行 VCD 与超级 VCD 光盘的数字信号处理的主体电路。首先对从㊿脚输入的 RF/VCD 信号进行 AGC、均衡补偿、数字限幅等前期处理与锁相处理。前者形成 EFM 位流，后者产生同步位时钟信号。利用同步位时钟把 EFM 位流送入 EFM 解调器。其还原后的 8 位数据（MDAT）、位时钟（BCLK）、声道时钟（LRCK）分别从㊌ ～ ㊹ 脚输出，再从⑲⑨、⑯②、⑯④ 脚输入 D101 内的 CD-DSP 接口，经去扰和格式处理后从 D101 内的 ATAPI 接口输出送 D001 进行解码。

4. 激光视盘机伺服系统的故障检修

（1）伺服系统的构成及工作原理。

① 伺服系统的构成及性能。

激光视盘机的伺服机构包括聚焦伺服机构、循迹伺服机构、使整个激光头做径向移动的滑行伺服机构以及控制光盘旋转，以保证激光头相对于信迹的恒定移动速度的主导轴伺服机构等。

② 聚焦伺服。

聚焦伺服环路是由激光头、聚焦误差检测电路、聚焦伺服处理电路、聚焦驱动电路和聚焦线圈等部分构成的。

在激光头中，从光盘盘面反射回来的激光束是随光盘上信息内容变化的，通过光敏二极管组件可以将光信息转换成电信号，光敏二极管组件的输出就把读取的光盘信息转换成了电流信息。为了能同时检测聚焦误差，在激光头的光路中设置了一个柱面透镜，如图 1-3-32 所示。透镜的功能是随焦点的位置不同，其反射回来的光点的形状不同，即焦点正确时在光敏二极管组件上呈现圆形，而偏离时呈椭圆形，偏离的方向不同，椭圆的长轴方向也不同。根据这个原理，将四分割光敏二极管组件对角线上的两个二极管之和进行比较，就可以检测出聚焦误差。误差电压与焦点的变化呈 S 形曲线。误差电压经数字伺服电路处理之后，将误差电压转换成聚焦线圈的控制信号,控制信号经驱动放大器放大后,将控制电流送到聚焦线圈中,线圈中有电流会使聚焦镜头作相应上下移动,从而纠正了聚焦点的偏移量。播放时会不断产生误差,伺服系统不断地进行纠正,使聚焦点被控制在允许的范围内。

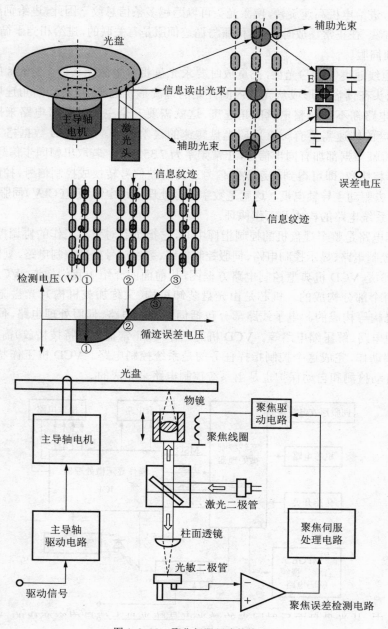

图 1-3-32　聚焦伺服环路的构成

③ 循迹伺服。

聚焦伺服系统仅仅能纠正光盘的上下偏摆,而信息纹的水平方向(圆盘的径向)偏摆是由主循迹伺服系统及进给伺服系统来纠正的。为此在激光头的镜头(物镜)上还设有一个循迹伺服调整线圈,它与聚焦线圈垂直。循迹线圈中有电流,会使镜头在水平方向上微调。

④ 进给伺服。

进给伺服电路是驱动进给电机完成进给运动的控制系统。在播放光盘时,进给电机驱动激光头做水平运动。正常播放时,主导轴电机每转一周,激光头要移动一个信息纹的间距;在搜索和跳选时,进给电机高速旋转,使激光头可以跨越多条信息纹。因此,进给伺服只接受系统控制电路的控制。在正常播放时,进给伺服与循迹伺服是有关联的,进给相当于循迹的粗调。

⑤ 主导轴伺服。

VCD 是恒线速度(CLV)光盘,在重放时要求光盘相对于激光头作 1.3 m/s 的恒线速度转动。由于激光头在读盘时形成从光盘内圈开始的螺旋形轨迹,光盘转动的角速度是不断变化的,因此伺服电路需不断调整电机的角速度,这就需要一个主导轴伺服电路来控制光盘的转速,而控制光盘的转速需要有一个反应光盘转速的误差信号。由 VCD 数据格式可知它是以帧为单位的,每帧数据都加有同步信号,正常频率为 7.35 kHz。若取出帧同步信号的频率,并将之与基准频率相比较,即可得到转速误差信号。将误差信号转换成控制信号,控制信号经驱动放大器放大后去驱动主导轴电机。这就是数字信号处理电路中恒线速(CLV)伺服电路的功能。

（2）控制系统电路的构成及工作原理。

系统控制电路是整个视盘机的控制指挥中心,它担负着对整机工作的协调控制,包括操作电路、进出盘控制电路、显示控制电路、伺服控制电路、数字信号处理控制电路、复位电路等。

图 1-3-33 是 VCD 机典型控制电路方框图,从前面的介绍中我们知道,VCD 机是由机芯和电子线路两个部分构成的。机芯是由光盘装卸机构(又称加载机构)、光盘驱动机构、激光头及其进给机构等构成的。电子线路部分包括伺服预放电路、伺服处理电路、伺服驱动电路、数字信号处理电路、解压缩电路等。VCD 机的工作(如正常播放或特技播放)需要机械部分和各种电路协调动作,完成这个控制指挥任务的是系统控制电路。VCD 机工作状态的显示、发生故障后的自动检测和自动保护也是由系统控制电路来完成的。

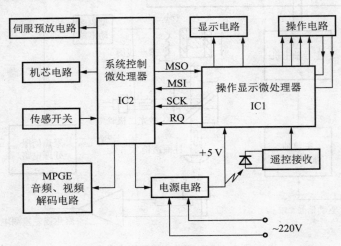

图 1-3-33　VCD 系统控制电路方框图

5. 激光视盘机的音频和视频解码电路及输出电路的故障检修

（1）D/A 转换器的结构和工作原理。

① D/A 转换器的类型和机构。

VCD 机的 A/V 解码电路输出的数字音频信号可以直接送到音频 D/A 变换器中。音频

D/A变换器的电路主要是由串/并(S/P)变换器、数字去加重电路、4倍过取样电路、MASH逻辑电路、LR选择器、PWM逻辑电路以及低通滤波器等部分构成的。

② D/A转换器的工作原理。

D/A转换器是将数字信号变成模拟信号的电路。目前,这部分电路也都制作在集成电路之中,在数字音频电路中多采用1 bit D/A变换器。D/A转换的方式有3种。第一种是权电阻网络D/A转换器,一般由权电阻网络、模拟开关和求和放大器组成。这个电路的优点是结构比较简单,所用的电阻元件数很少。它的缺点是各个电阻的阻值相差较大,尤其在输入信号的位数较多时。例如当输入信号增加到8位时,如果取权电阻网络中最小的电阻为$R = 10 \text{ k}\Omega$,那么最大的电阻阻值将达到$2^7 R = 1.28 \text{ M}\Omega$,为最小电阻的128倍之多。要想在极为宽广的阻值范围内保证每个电阻都有很高的精度是十分困难的,尤其对制作集成电路更加不利。第二种是脉宽调制型,即PWM型。这种方法是用脉冲的宽窄代表模拟信号电平的高低,使用低通滤波器即可取得音频信号。输出信号只有低和高两种电平的数字音频电路就被称为1位数字音频电路。多级噪声整形1位数字音频电路使用这种方法。第三种是脉冲持续时间调制型,即PDM型,就是用脉冲的持续时间表示模拟信号电平的高低。PWM型和PDM型的数字信号只有"0"或"1"。

(2)AC-3解码器的结构和工作原理。

① AC-3解码器的结构原理。

图1-3-34为AC-3解码器的结构原理框图。AC-3解码器的解码原理基本上是编码的逆向过程。

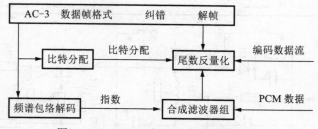

图1-3-34　AC-3解码器结构原理框图

② AC-3解码器的工作原理。

AC-3把整个音频频带分割成若干个较窄的频段,各频段的宽度并不完全一样,因为人类的听觉对不同频率的声音具有不同的灵敏度。将有用信号划分成狭窄的频段,编码噪声的滤降问题就比较容易解决,这是因为对于每个频段来说,该频段以外的所有信号可以全部被滤除掉而不会损伤有用的信号。剩余噪声信号的频率与有用信号的频率非常接近,掩蔽效应非常明显。从这种意义上说,像AC-3这样的感知型编码系统可以算是一种非常有效的减噪系统。这些被分割成狭窄频段的多路数字音频信号最终还需被合成一路完整的全频带信号,但每一个频段所占有的数据量并不是平均分配的,编码器内部有一个"听觉掩蔽模块",可以模拟人的听觉掩蔽效应,它能根据信号的动态特性来决定在某一时刻数据量应如何分配给各频段才是最合适的。频谱密集、音量大的声音元素应该获得较多的数据占有量,那些由于掩蔽效应而听不到的声音则少占用或不占用数据量。

6.激光视盘机电源电路的故障及检修

(1)电源电路的结构和工作原理。

开关式稳压电源具有效率高、稳压范围广、质量轻、体积小以及适应性强等显著优点,得到了广泛的应用。

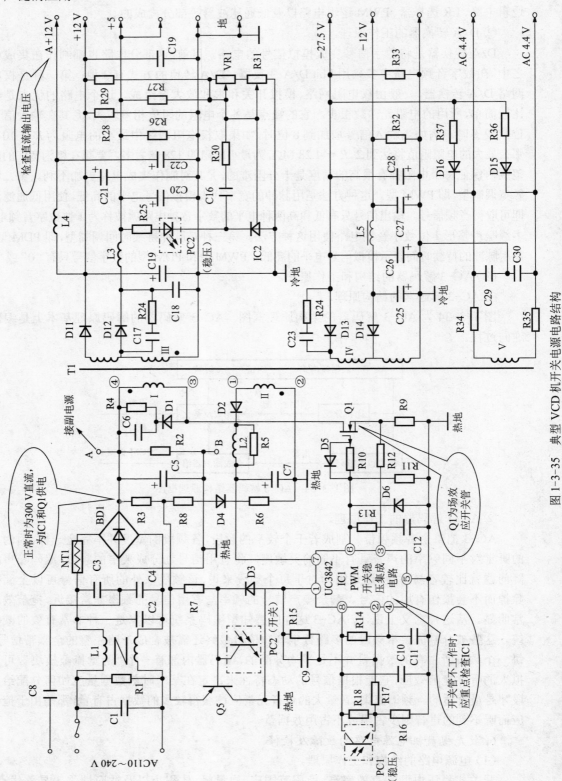

图 1-3-35 典型 VCD 机开关电源电路结构

该机电源属于脉宽调制型开关电源,由主开关电源电路和副开关电源电路两部分组成,其电源电路结构图如图1-3-35所示。副开关电源电路一插上电源即开始工作,并输出5 V电压,送到微处理器。主开关电源电路只有在微处理器的控制下才能进行工作,为整机提供±12 V、±5 V和4.4 V交流灯丝等电压。

主开关电源电路主要由场效应管Q1、脉冲变压器T1和IC1(UC3842)、PC1、PC2等组成。IC1的内部结构方框图如图1-3-36所示。

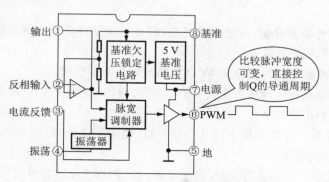

图1-3-36　IC1(UC3842)内部结构方框图

当CPU的㉕脚输出启动电源的高电平指令时,PC2的光敏管截止,使Q5的基极电压上升并最终截止,直流高压经R6、C7分压为IC1的⑦脚提供工作电压,并激发IC1的振荡电路产生振荡,从IC1的⑥脚输出PWM脉冲,送到Q1的基极,控制Q1间歇通断,启动主开关电源工作。

直流高压经T1初级绕组Ⅰ(④脚～③脚)、Q1、R9到热地。在Q1通断过程中,T1的反馈绕组Ⅱ(②脚～①脚)产生感应脉冲,经D2整流以及L2、R5、C7滤波后,形成直流电压,也送到IC1的⑦脚,作为IC1的工作电压,并激发IC1振荡。由于PC2、Q5截止,故维持IC1的①脚为高电平,使IC1的①脚、②脚内的振荡器保持振荡,IC1的6脚保持输出PWM脉冲。开关电源在工作过程中,电源能量便经脉冲变压器T1传输到各次级绕组。

当CPU的㉕脚输出电源断开的指令时,PC2中的光敏管导通,使D3负极经PC2接地,IC1的电压降低,IC1内部振荡器停振。同时直流高压经R3、Q5到地,IC1的⑦脚无工作电压,使IC1的⑥脚无PWM脉冲输出,Q1截止,主开关电源停止工作。R7用于保护光电耦合器的光敏管。

(2)技能要求。

对激光头组件的故障进行检修。

激光头性能变差时,就会出现放像停顿、检索时间长、伴有"咔咔"的噪声,甚至不能检索光盘目录或将光盘弹出机器等故障,其原因多为激光头脏污或老化。

① 激光头脏污的处理。

a. 操作准备。

(a)激光视盘机电路图。

(b)操作工具:丝绸、中性清洁剂、橡皮球等。

b. 操作步骤。

(a)用一块软布盖住激光组件,彻底清洁机器内部其他部分。

(b)丝绸蘸中性清洁剂擦洗激光头物镜。擦洗物镜时动作要轻,以免造成物镜移位。

(c)激光头组件内部光学系统如果有较多灰尘,也会影响激光头的正常工作,可小心拆开物镜机构,轻轻清洗腔体内的镜片,然后用修钟表的橡皮球对准光学腔体和物镜机构吹气清洁。

(d)清洗完毕后,按照原来的结构和位置装好即可。

② 激光头老化的处理。

a. 操作准备。

(a)激光视盘机结构图,使用说明书。

(b)操作工具:螺钉旋具等。

b. 操作步骤。

当检测确认激光头老化时,可更换激光头,需要拆除基座部件。拆除时,应遵循"顶盖"、"托盘面板"和"前面板"的顺序。

以长虹 VD3000 影碟机为例介绍 VCD 机的激光头拆解步骤。

该机芯采用索尼公司生产的激光头 KSS213 型、健伍公司生产的三碟碟架,在维修过程中其激光头组件的拆卸步骤如下:

步骤 1:拆卸盖板。拧下盖板上的 9 个螺丝钉(侧面各 2 个、后面 5 个),然后用手向后向上拉盖板,便可将盖板拆下。

步骤 2:拆卸机芯。将盖板拆下后,接通电源,按"POWER"键,再按"EJECT"键,盘仓滑出,取下盘仓前面的商标盖板。再按"EJECT"键,盘仓滑进、将机芯座上的 4 个螺丝钉拧下,便可取出机芯。

步骤 3:拆解激光头。先拆除连接装载基座和主电路印制电路板的 2 条柔性电缆。静电将会损坏激光二极管,须佩戴防静电手环。在拆除柔性电缆之后,使用一个金属夹于把柔性电缆短路,最后按照拆除步骤逆序把底座装好。

③ 激光头组件的故障检修。

a. 操作准备。

(a)激光视盘机电路图。

(b)操作工具:螺钉旋具、示波器、万用表、无水酒精、酒精棉纱等。

b. 操作步骤实例。

实例:读盘正常,但是图像模糊,伴音有失真情况。

故障分析:在确定 VCD 视盘机机芯工作正常的前提下,播放的图像和伴音质量都较差,故障应出在激光识读光盘信息系统、RF 信号处理电路、数字信号处理电路、解压缩电路等图像和伴音公共通道上。

检修步骤:

步骤①:开机后,用示波器分别检测 ICS1 的 ⑨ 脚、⑩ 脚 RF 波形,信号波形幅度都偏低。

步骤②:用示波器分别检测 ICS1 的 ㉑ 脚、㉒ 脚、㉔ 脚 D4 的输入信号,发现信号不正常。据此判断故障应在激光识读光盘信息系统。

步骤③:仔细检查物镜结构,发现物镜表面有污垢。

步骤④:用干净的棉纱将物镜表面上的污垢擦掉。

步骤⑤:放入 VCD 节目光盘,播放的图像和伴音质量良好。

故障排除。

仿真训练

一、单项选择题（请将正确选项的代号填入题内的括号中）

1. 下列选项中（　　）包含的所有部件都是激光视盘机整机构成的一部分。

　A. 精密机械、激光头、伺服系统、信号处理系统

　B. 电源电路、控制系统和显示系统、执行器、输出电路

　C. 激光头、执行器、控制器、电源电路

　D. 输出电路、电源电路、伺服系统、信号处理系统

2. 下列（　　）不是激光视盘机整机的一部分。

　A. 伺服系统　　　　B. 高频接收电路　　　C. 电源电路　　　　　D. 激光头

3. 下列选项中（　　）不是激光视盘机激光头组件（简称激光头）的一部分。

　A. 激光产生（发射）系统　　　　　　　B. 激光传播系统（光路或激光枪）

　C. 激光接收系统　　　　　　　　　　　D. 激光测试仪

4. 全息式激光头的激光管形成的激光是（　　）激光束。

　A. 1 条　　　　　　B. 2 条　　　　　　　C. 4 条　　　　　　　D. 3 条

5. 下列选项中（　　）不是全息式激光头的结构组成部分。

　A. 全息镜片　　　　B. 激光管　　　　　　C. RF 放大器　　　　D. 衍射光栅

6. 全息式激光头接收从（　　）上反射的光束。

　A. 凸透镜　　　　　B. 准直透镜　　　　　C. 光盘　　　　　　　D. 全息镜片

7. 激光视盘机的（　　）能使物镜做径向运动以正确扫描信迹。

　A. 激光头　　　　　B. 精密机械　　　　　C. 电源系统　　　　　D. 伺服系统

8. 激光视盘机的伺服机构包括聚焦伺服机构、循迹伺服机构、使整个激光头做径向移动的滑行伺服机构，以及控制光盘旋转，以保证激光头相对于信迹的恒定速度移动的（　　）等。

　A. 主导轴伺服机构　B. 伺服电机　　　　　C. 伺服驱动器　　　　D. 进给伺服机构

9. 激光视盘机的（　　）亦称随动系统，它用来控制被控对象的转角（或位移），能使其自动地、连续地、精确地复现输入指令的变化规律。

　A. 控制系统　　　　B. 伺服系统　　　　　C. 滑行伺服系统　　　D. 聚焦伺服系统

10. 控制系统电路是整个视盘机的控制指挥中心，它担负着对整机工作的协调控制，包括操作输入电路、进出盘控制电路、显示控制伺服控制电路、数字信号处理控制电路、（　　）等。

　A. 归位电路　　　　B. 归零电路　　　　　C. 清零电路　　　　　D. 复位电路

11. 激光视盘机的聚焦伺服系统的功能是使激光头的（　　）作上下移动以跟踪光盘因高速旋转而发生的上下振动，使光盘的信号面始终落在激光束的聚焦范围之内。

　A. 目镜　　　　　　B. 物镜　　　　　　　C. 准直透镜　　　　　D. 反光镜

12. 激光视盘机的循迹伺服系统的功能是控制物镜在水平方向移动，使激光束始终跟踪（　　）纹迹。

　A. 光盘　　　　　　B. 精密机械　　　　　C. 执行机构　　　　　D. 伺服系统

13. 激光视盘机的激光束每秒扫描的信迹的长度是（　　），其线速度为 1.2～1.4 m/s。

　A. 恒定的　　　　　　　　　　　　　　　B. 瞬变的

　C. 先是变化的后趋于恒定　　　　　　　　D. 先是常数后是变化

14. 滑行伺服一般是从（　　）上获取滑行伺服的误差信号电压，也就是说用循迹误差信号作为滑行伺服控制信号。

A. 滑行线圈　　　　　B. 循迹线圈　　　　C. 伺服线圈　　　　D. 聚焦线圈

15. 来自（　　）的信号进入 DC 接口,在内部进行信号分离,产生视频流和音频流,然后进行视、音频解码处理。

A. 模拟伺服处理器　　B. 数字伺服处理器　　C. 进给伺服处理器　　D. 聚焦伺服处理器

16. 激光束在读取光盘上的信息时,如果光盘转速偏快,那么这个同步字读出的频率就（　　）。

A. 慢　　　　　　　　B. 快　　　　　　　C. 与其他因素有关　　D. 不变

17. 激光视盘机的（　　）将信号转变成所需的形式,比如信号制式转换或同步处理。

A. 信号转换器　　　　B. 矩阵切换器　　　C. 信号处理器　　　　D. 扫描转换器

18. 激光视盘机的（　　）与中央控制系统连接,以中央控制系统的软件语言形式,完成相应的切换需要。

A. 伺服系统　　　　　B. 信号显示系统　　C. 信号处理系统　　　D. 信号转换器

19. 一台完整的 VCD 视盘机,主要由系统控制器、激光读取系统、伺服系统、数字处理系统（CD-DSP）、VCD 解压缩系统、（　　）、电源供电系统和机械系统等组成。

A. 信号放大系统　　　　　　　　　　　B. 音频(含卡拉 OK)系统

C. 信号分析系统　　　　　　　　　　　D. 数字传导系统

20. 下列说法不正确的是（　　）。

A. 按暂停键,可实现无干扰波的静止图像

B. 在正常播放状态下,按“向前”“向后”键可实现正反两个方向逐帧播放

C. 在暂停状态下,按“向前”键可实现1～5级正方向慢镜播放;如按“向后”键,可实现1～5级反方向慢镜播放

D. 在正常播放状态下,按“向前”键,可实现1～5级快速正放;如按“向后”键,可实现1～5级快速反向播放

21. 下列不属于激光视盘机宽边的画面宽高比的是（　　）。

A. 全景扫描　　　B. 4:3普通屏幕　　C. 5:4普通屏幕　　D. 16:9宽屏幕方式

22. 下列不属于激光视盘机的电源类型的是（　　）。

A. 开关电源　　　B. 变压器线性电源　　C. 交流线性电源　　D. 新型稳压块控制电源

23. 关于印制电路板图下列说法错误的是（　　）。

A. 把实际元器件的符号画到该元器件应在的位置处,并用圆圈表示元器件插脚的接线孔

B. 用印制电路板上的铜箔条代替连接导线

C. 不知道它们在机器内连接的情况,看不出这些元器件应安装在什么位置

D. 线路走向、位置、形状都和实际的一样

24. （　　）的常见故障主要有全部方式不工作(无显示)、操作正常;多功能显示器不亮、VTR 开关有显示,但操作不灵。

A. 激光头　　　B. 电源电路　　　C. 精密机械单元　　D. 伺服系统

25. 电源电路是采用变压器降压、（　　）、三端稳压器与晶体管稳压的电源电路。

A. 三极管整流　　B. 二极管整流滤波　　C. 三极管整流滤波　　D. 二极管整流

26. 激光视盘机的 RF 放大器是直接处理激光头输出(　　)信号的电路。
　　A. 电　　　　　　　　B. 光　　　　　　　　C. 压力　　　　　　　　D. 声音

27. 激光视盘机的遥控器发射的红外线控制信号被红外接收器接收并处理,输出能被 CPU 识别处理的串行数据指令,经 CPU 处理,执行相应操作,此过程属于(　　)。
　　A. 面板控制工作过程　　　　　　　　B. 显示驱动过程
　　C. 遥控工作过程　　　　　　　　　　D. 显示驱动和显示过程

28. 激光视盘机的 RF 信号处理电路通常应具有以下功能:(　　)、能形成聚焦误差信号 FE、能形成循迹误差信号 TE、具有 APC 电路、具有反射部分检出电路。
　　A. 输入含有 RE 信号的音 / 视频信号　　　　B. 输入含有 RF 信号的音 / 视频信号
　　C. 输出含有 RF 信号的音 / 视频信号　　　　D. 输出含有 RE 信号的音 / 视频信号

29. 激光视盘机的(　　)电路有进行 EFM 调制的逆变换、把 EFM 信号恢复为调制前的 8 位(一个字节)二进制数码的功能。
　　A. 激光头　　　　　　B. 数据信号处理　　　　C. 扫描　　　　　　　　D. RF

30. 数据信号处理电路有保证传送的数据信息与录制前(　　)的功能。
　　A. 相似　　　　　　　B. 不同　　　　　　　C. 完全相反　　　　　　D. 完全一样

31. 无论是 CD 机的激光头还是 VCD 视盘机的激光头均由两部分组成:一部分为物镜机构,俗称光学头;另一部分将其余各镜片、激光发射二极管和光敏接收器安装在同一个腔体内,俗称(　　)。
　　A. 激光枪　　　　　　B. 激光头　　　　　　C. 视盘机　　　　　　D. 半导体激光管

32. 在激光视盘机中采用的激光器能产生(　　),其光波波长范围为 630 ～ 780 nm。
　　A. 黄光　　　　　　　B. 红光　　　　　　　C. 蓝光　　　　　　　D. 绿光

33. 当光盘转速达到标准后,由光电二极管检测到的电信号,便是与光盘上坑点变化规律相同的(　　)。
　　A. 数字信号　　　　　B. 模拟信号　　　　　C. 声音信号　　　　　D. 光信号

34. 光的相干性可分为空间相干性和(　　)相干性。
　　A. 时间　　　　　　　B. 地点　　　　　　　C. 天气　　　　　　　D. 季节

35. 激光视盘机的光学头安装在(　　)上面,通过螺钉连成一个整体,构成激光头组件。
　　A. 反光镜　　　　　　B. 光盘　　　　　　　C. 信号发生器　　　　　D. 激光枪

36. 四线型物镜机构的结构中(　　)直接绕在骨架上。
　　A. 聚焦线圈　　　　　B. 循迹线圈　　　　　C. 磁暴线圈　　　　　D. 伺服线圈

37. 激光头性能变差时,就会出现放像停顿、检索时间长、伴有咔咔噪声,甚至不能检索光盘目录或将光盘弹出机器等故障,其原因多为激光头(　　)或老化。
　　A. 脏污　　　　　　　B. 钝化　　　　　　　C. 位置不当　　　　　D. 过大

38. 激光头性能变差时故障现象主要有:(　　)、激光头径向移动不畅、激光头物镜机构位置失常、激光头打碟。
　　A. 激光头反转　　　　　　　　　　B. 激光头打转
　　C. 激光头物镜位置失常　　　　　　D. 激光头目镜位置失常

39. 激光视盘机(　　)的检修方法是清洁导轨上的锈斑,用汽油或无水酒精清洗干净,加少许黏度较低的润滑油,再更换减速齿轮、进给电机即可。
　　A. 激光头径向移动不畅　　　　　　B. 激光头物镜破损

C. 激光头打碟   D. 激光头物镜位置失常

40. 激光头组件内部的光学腔体和物镜机构脏污时可以用（　　）处理。

    A. 水洗   B. 微波   C. 橡皮球   D. 酒精棉

41. 激光视盘机的激光头脏污时可以先清洗激光头聚焦透镜的上表面,清洗时用棉签蘸一点（　　）,轻轻擦拭就可以了。

    A. 清水   B. 酒精   C. 无水酒精   D. 汽油

42. 激光视盘机的（　　）的结构包括位时钟回复电路、帧同步信号回复电路、子码解码器、数字输出处理电路。

    A. 电源电路   B. 伺服电路   C. 数字信号处理电路   D. 模拟信号处理电路

43. 数字信号处理电路的信号流程包括数据选通与位时钟恢复,（　　）,EFM解调与数据分离、纠错与插补。

    A. 电流信号检测   B. 双信号检测   C. 同步信号检测   D. 异步信号检测

44. 激光视盘机中无字符、（　　）、花屏、行场不同步等故障现象有可能与数字处理组件工作不正常有关。

    A. 无图   B. 图异   C. 无声   D. 声异

45. 激光视盘机中,在检测（　　）故障时,应采取输入不同信号的方式来确定故障部位。

    A. 字异   B. 音异   C. 花屏   D. 图异

46. 数字信号可以有多重的含义,它可以用来表示已经数字化的（　　）信号,或者表示数字系统中的波形信号。

    A. 连续时间   B. 离散时间   C. 断续时间   D. 间或时间

47. 伺服系统除提供正确的（　　）及循迹外,还具有随机选取播放曲目功能,以及伺服的系统控制功能。

    A. 逻辑   B. 聚焦   C. 轨迹   D. 控制

48. 控制光盘旋转,以保证激光头相对于信迹以恒定速度移动的是（　　）机构。

    A. 滑行伺服   B. 主导轴伺服   C. 循迹伺服   D. 聚焦伺服

49. 激光视盘机的伺服系统中使物镜做径向运动以正确扫描信迹的是（　　）机构。

    A. 滑行伺服   B. 轴向伺服   C. 循迹伺服   D. 聚焦伺服

50. FOK信号就是粗聚焦完成信号,当FOK信号到来时,说明（　　）与光盘的距离在自动聚焦电路控制范围内,说明粗聚焦已经完成,故称为粗聚焦完成信号(FOK)。

    A. 目镜   B. 物镜   C. 激光束   D. 激光头

51. 循迹伺服系统的功能是控制物镜在水平方向移动,使（　　）始终跟踪光盘纹迹。

    A. 激光束   B. 激光头   C. 目镜   D. 物镜

52. 检修激光视盘机时,直接检测法的缺点是:当光盘有缺陷使（　　）失落时,会产生有害于伺服系统的低频噪声。

    A. 反射光   B. 折射光   C. 透射光   D. 平行光

53. 为了使激光头中激光二极管的发光强度稳定,在激光二极管的供电电路中设置了（　　）电路。

    A. 恒流源   B. 自动功率控制   C. 放大   D. 自举

54. 检修激光视盘机时,AM检测法中,有一高通滤波器(HPF),它能有效地抑制（　　）噪声,故AM检测法对光盘的损伤及缺陷的循迹性能好。

A. 中频　　　　　　B. 高频　　　　　　C. 音频　　　　　　D. 低频

55. 检修激光视盘机时,在(　　)中,首先用宽频带的电流-电压转换器将光电流变为电压,然后使其通过高通滤波器(HPF)。

A. AM 检测法　　　B. 直接检测法　　　C. 推挽法　　　　　D. 外差法

56. 激光视盘机中,激光头的循迹是由循迹伺服系统和(　　)系统共同协调完成的。

A. 进给伺服　　　　B. 聚焦伺服　　　　C. 循迹伺服　　　　D. 滑行伺服

57. 激光视盘机中(　　)又称径向伺服。

A. 进给伺服　　　　B. 聚焦伺服　　　　C. 循迹伺服　　　　D. 滑行伺服

58. 激光视盘机的光盘转动的角速度是不断变化的,这就需要一个主导轴伺服电路来控制光盘的转速,而控制光盘的转速需要有一个反应光盘转速的(　　)。

A. 控制信号　　　　B. 进给信号　　　　C. 误差信号　　　　D. 错误信号

59. 激光视盘机的伺服系统的常见故障有:播放(　　),机芯和机械部分运转正常,物镜无上下摆动调焦动作,然后停机,放入光盘后,激光头不能读 TOC。

A. 有图有声　　　　B. 无图无声　　　　C. 有图无声　　　　D. 无图有声

60. (　　)、循迹伺服电路故障一般有无聚焦、循迹伺服动作,聚焦、循迹动作失控,聚焦、循迹伺服反应慢等表现形式。

A. 逻辑　　　　　　B. 滑行　　　　　　C. 轴向　　　　　　D. 聚焦

61. 激光视盘机当无聚焦、循迹伺服动作故障时,如果开机后物镜无上下聚焦动作,这时光盘将不转动,应首先检查聚焦伺服电路及(　　)电路。

A. 电源　　　　　　B. 主导轴　　　　　C. 循迹　　　　　　D. 驱动

62. 激光视盘机当无聚焦、循迹伺服动作故障时,如果用手拨动循迹进给电机,使激光头向光盘外沿滑动一段距离后再开机,激光头不能(　　),则可判定为循迹进给伺服驱动电路没有工作。

A. 复位　　　　　　B. 归位　　　　　　C. 归零　　　　　　D. 清零

63. 激光视盘机的 A/V 解码器利用了这样一条心理声学原理:较强的声音信号可以掩蔽临近频段中(　　)的信号。

A. 较弱　　　　　　B. 更强　　　　　　C. 频率高　　　　　D. 频率低

64. 激光视盘机的(　　)是由系统控制微处理器、机芯控制微处理器对各受控电路实施控制,使其转换到相应的工作方式,并将该工作方式及各种数据显示在屏上。

A. 复位电路　　　　　　　　　　　　　B. 进出盘控制电路
C. 系统控制电路　　　　　　　　　　　D. 数字信号处理控制电路

65. 激光视盘机系统控制电路是整个视盘机的控制指挥中心,它担负着对整机工作的(　　)。

A. 协调控制　　　　B. 检测扫描　　　　C. 误差检测　　　　D. 纠错修复

66. 聚焦、循迹动作失控后有时会发现接通电源后(　　)一直向光盘内侧运动,到位后不停且出现传动打滑现象,这种现象大多为激光头到位开关不良或其控制电路有故障。

A. 激光头　　　　　B. 物镜　　　　　　C. 伺服驱动　　　　D. 目镜

67. 直接检测法是在获得平均光亮的变化(　　)取循迹误差信号。

A. 前　　　　　　　B. 后　　　　　　　C. 前或后　　　　　D. 中

68. 激光视盘机的时钟恢复就是时钟经过编码后传输到了(　　)或是光电转换时需要解码恢复。

A. 输入端　　　　　B. 输出端　　　　　C. 发散端　　　　　D. 接收端

69. 激光视盘机的 EFM 解调后的信号要送到子码解码器,解调出帧同步信号之后的子码,其中（　　）是简单的节目(或乐曲)轨迹分隔标志,主要用于简单的节目搜索方式。
     A. P 码　　　　　　　B. 原码　　　　　　　C. 子码　　　　　　　D. ASCII 码

70. 激光视盘机的音频 D/A 变换器的作用是将输入的（　　）串行数据转换成并行数据。
     A. 压缩音频　　　　　B. 解压缩音频　　　C. 压缩视频　　　　D. 解压缩视频

71. 普通电源系统由通用型三端固定集成稳压器、（　　）组成。
     A. 可调式三端集成稳压器　　　　　　B. 可调式二端集成稳压器
     C. 不可调式三端集成稳压器　　　　　D. 不可调式二端集成稳压器

72. 激光视盘机出现全部方式不工作(无显示)故障时如采用（　　）,应检查开关电路、厚膜电路(开关管)、稳压集成电路等部位。
     A. 开关电源　　　　　B. 普通电源　　　　C. 电池　　　　　　D. 交流电源

73. 直流电源的最简单的供电方法是使用（　　）。
     A. 电泵　　　　　　　B. 电池　　　　　　C. 电流源　　　　　D. 电压源

74. 电源系统的故障表现有:全部方式不工作;操作正常,多功能显示器不亮;（　　）。
     A. VTR 开关无显示,且操作不灵　　　B. VTR 开关有显示,且可以操作
     C. VTR 开关无显示,但可以操作　　　D. VTR 开关有显示,但操作不灵

75. 激光视盘机开机后（　　）时首先应检查电源电路。
     A. 有图无声　　　　　B. 无图有声　　　C. 无任何反应　　　D. 无图无声

76. 电源系统的全部方式不工作故障,如采用连续式稳压电源,这种故障多为电源变压器初级以前的（　　）有关部件不正常所致。
     A. 交流电路　　　　　B. 直流电路　　　C. 直－交流电路　　　D. 交－直流电路

77. 激光视盘机的基本参数调整一般有 6 个,包括 APD 调整电位器一般装在（　　）上,出厂时已被调整准确。
     A. 激光头　　　　　　B. 电源电路　　　C. 输入电路　　　　D. 精密机械

78. 视盘旋转速度将根据重访时信迹的位置的变化而不断变化,内圈时,光盘转速要快一些;外圈时,光盘转速要慢一些。这就需要一个控制光盘转速的机构,以满足（　　）的要求。
     A. 恒线速度　　　　　B. 快速跟踪　　　C. 变速运动　　　　D. 慢速旋转

79. 循迹伺服是使物镜跟踪纹迹中心并补偿（　　）的偏心,光束在光盘上的调节范围不小于 1 mm 即可;但光盘从信号引入纹迹到信号引出纹迹,其距离有 35 mm,这就要靠进给伺服机构带动激光头在光盘半径方向上作 35 mm 的长距离移动。
     A. 目镜　　　　　　　B. 光盘　　　　　　C. 焦透镜　　　　　D. 激光头

80. 激光视盘机的聚焦平衡调整即（　　）。
     A. 激光光功率调整　　B. 聚焦增益调整　　C. 聚焦偏置调整　　D. 循迹平衡调整

81. 激光视盘机的激光头功率调得越大,反射光强度（　　）。
     A. 越弱　　　　　　　B. 越强　　　　　　C. 无法确定　　　　D. 不变

82. 主导轴电动机旋转也不可能让 VCD 视盘水平地转盘,VCD 视盘靠外圈的部分离理想平面有（　　）的偏差。
     A. ±0.002 mm　　　　B. ±2 mm　　　　C. ±0.2 mm　　　　D. ±20 mm

83. 任何 VCD 视盘表面都有一定的（　　）,一般允许在 ±0.4 mm 范围内。
     A. 高度　　　　　　　B. 面积　　　　　　C. 不均匀容量　　　D. 不平坦度容量

84.激光视盘机的三光束系统的循迹误差信号 TE 是由两只辅助光束接收管 E、F 的信号差来产生的。循迹伺服控制的最终目的是使 TE（　　　），表明激光束正确跟踪信迹。

A. 大于零　　　　　　B. 等于零　　　　　　C. 最大　　　　　　D. 小于零

85.在激光视盘机的三光束前置信号处理电路中，均设有（　　　）电位器，用于补偿 E、D 之间的特性偏差。

A. 激光光功率调整　　B. 聚焦增益调整　　C. 聚焦偏置调整　　D. 循迹平衡调整

86.激光视盘机的（　　　）可改变整个循迹伺服系统的增益。

A. 激光光功率调整　　B. 聚焦增益调整　　C. 循迹增益调整　　D. 循迹平衡调整

87.由于聚焦伺服系统控制的跟踪范围有限，实际中的视盘机在开机工作时应让伺服电机（　　　）。

A. 不立即工作　　　　B. 立即工作　　　　C. 不工作　　　　D. 待机 30 min

88.因为采用 CLV，激光视盘旋转速度（　　　）。

A. 是不变的　　　　　　　　　　　　B. 随着电流大小的变化而变化

C. 根据信迹的大小的变化而不断变化　　D. 根据重访时信迹的位置的变化而不断变化

89.（　　　）有由 EFM 信号产生位时钟 BCLK 信号作为信号处理的基准信号的功能。

A. 数据信号处理电路　　B. 激光头电路　　C. RF 电路　　D. 扫描电路

90.激光视盘机检修时，AM 检测法则是以凹坑信号取样，从取样信号中获得（　　　）。

A. 逻辑信号　　　　B. 误差信号　　　　C. 聚焦信号　　　　D. 循迹信号

91.循迹平衡调整是激光视盘机的（　　　）所特有的调整参数。

A. 束光系统　　　　B. 双束光系统　　　　C. 三束光系统　　　　D. 多束光系统

二、多项选择题（请将正确选项的代号填入括号内）

1.激光视盘机整机构成包括（　　　）。

A. 激光头　　　　　　　　　　　　B. 电源电路

C. 控制系统和显示系统　　　　　　D. 输出电路

E. 精密机械和信号处理系统

2.下列选项中，（　　　）不是激光头组件的组成部分。

A. 激光产生（发射）系统　　　　　　B. 激光传播系统（光路或激光枪）

C. RF 电路　　　　　　　　　　　　D. 激光接收系统

E. 信号处理电路

3.激光头组件主要由（　　　）等部分构成。

A. 激光产生系统　　B. 激光传播系统　　C. 激光反射系统　　D. 激光接收系统

E. 激光折射系统

4.软件升级方法包括（　　　）。

A. 升级成功后，整机会自动重启

B. 升级成功后，整机会自动关机

C. 在整机开机的状态下，将升级用 U 盘插入 USB1 或 USB2 接口

D. 插入升级 U 盘后，5 s 内整机会自动检测，会显示升级信息提示

E. 将对应的软件升级包中"Target"文件夹拷贝到升级 U 盘根目录下

5.激光视盘机的伺服机构，它包括（　　　）机构等。

A. 聚焦伺服　　　　B. 循迹伺服　　　　C. 主导轴伺服　　　D. 滑行伺服
E. 进给伺服

6. 伺服系统亦称随动系统，它用来控制被控对象的（　　），能使其自动地、连续地、精确地复现输入指令的变化规律。
A. 幅值　　　　B. 相位　　　　C. 位移　　　　D. 转角
E. 频率

7. 控制系统电路是整个视盘机的控制指挥中心，它担负着对整机工作的协调控制，包括操作输入电路、进出盘控制电路、（　　）、复位电路等。
A. 模拟信号控制电路　　　　　　　B. 模拟信号处理电路
C. 显示控制电路　　　　　　　　　D. 数字信号处理控制电路
E. 伺服控制电路

8. 聚焦线圈中电流的大小和方向决定于（　　）。
A. 目镜移动的距离　　B. 物镜移动的距离　　C. 物镜移动的方向　　D. 目镜移动的方向
E. 目镜和物镜移动的距离

9. 循迹伺服调节机构是依靠循迹线圈中（　　）来调节物镜的水平位移量和方向的。
A. 电流的大小　　　B. 电压的大小　　　C. 磁场的大小　　　D. 电流的方向
E. 磁场的方向

10. 为使激光束准确地循迹，读出光盘上的全部信息，需要有所动作的有（　　）。
A. 物镜　　　　B. 目镜　　　　C. 精密机械　　　D. 激光头
E. 激光头组件

11. 激光头在读盘时形成从光盘内圈开始的螺旋形轨迹，光盘转动的角速度是不断变化的，这就需要（　　）。
A. 进给伺服电路　　　　　　　　　B. 反应光盘转速的误差信号
C. 循迹伺服电路　　　　　　　　　D. 主导轴伺服电路
E. 聚焦伺服电路

12. 来自数字伺服处理器的信号进入 DC 接口，在内部进行信号分离，产生（　　）。
A. 音频流　　　B. 图像　　　C. 视频流　　　D. JPG
E. 音频流和视频流

13. 关于激光视盘机的伺服系统，说法正确的是（　　）。
A. 该系统的任务是确保激光头良好聚焦、循迹、径向滑行和主导轴 CLV 伺服控制良好运行
B. 它主要包括聚焦伺服、循迹伺服、进给伺服和主导轴伺服等几个电路
C. 由诸单元电路组成完整的伺服系统后，它成为激光视盘机内极为重要的辅助控制系统
D. 每个伺服电路又包括伺服误差信号产生、驱动放大等单元电路
E. 伺服系统的故障并不是激光视盘机的主要故障

14. 控制系统电路是整个视盘机的控制指挥中心，它担负着对整机工作的协调控制，是一个以微处理器为核心的自动控制电路，它是由（　　）以及加载驱动等部分构成的。
A. 主控微处理器（CPU）　　　　　B. 操作电路
C. 多功能显示器　　　　　　　　　D. 机械状态开关
E. 复位电路

15. DVD 机与电视机的连接方式有（　　）。

A. AV 连接　　　　　B. S 端子连接　　　　C. 分量视频连接　　　D. TV 连接

E. A 端连接

16. 电路上那些关键性测试点的有关数据包括(　　)等数值。

A. 静态工作点　　　B. 幅度　　　　　　　C. 动态交流电压值　　D. 信号的频率(周期)

E. 脉宽

17. 电源电路常见故障表现主要有(　　)。

A. 全部方式不工作　B. 全部方式正常　　　C. VTR 开关无显示　　D. VTR 开关有显示

E. 多功能显示器不亮

18. 电源电路是采用(　　)的电源电路。

A. 变压器降压　　　　　　　　　　　　　　B. 整流器整流

C. 三端稳压器与晶体管稳压　　　　　　　　D. 二极管整流滤波

E. 稳压管稳压

19. 激光视盘机的工作过程由(　　)组成。

A. 关机工作过程　　B. 开机工作过程　　　C. 数字信号处理电路　D. RF 放大器

E. RE 高频信号

20. 激光视盘机的开机工作过程由(　　)组成。

A. 遥控工作过程　　B. 显示过程系统　　　C. 面板控制工作过程　D. 面板执行系统

E. 显示驱动和显示过程系统

21. RF 信号处理电路通常应具有以下功能:(　　)。

A. 输出含有 RF 信号的音频 / 视频信号　　B. 能形成聚焦误差信号 FE

C. 具有 APD 电路　　　　　　　　　　　　D. 能形成循迹误差信号 TE

E. 具有反射部分检出电路

22. 数据信号处理电路将帧编码切块,分离出(　　)。

A. 图像数字信号 DATA　　　　　　　　　　B. 同步信号

C. 左右声道时钟信号 LRCK　　　　　　　　D. 各种子码信号

E. 声音数字信号 DATA

23. 按照波长的不同,可简单地将电磁波分为(　　)。

A. 宇宙射线　　　　B. 紫外线　　　　　　C. 红外线　　　　　　D. 可见光谱

E. 无线电波

24. 激光头主要由激光产生(发射)系统、激光(　　)系统(光路或激光枪)和激光接收系统等部分构成。

A. 发散　　　　　　B. 合并　　　　　　　C. 传播　　　　　　　D. 分析

E. 聚合

25. 激光的物理特性有(　　)。

A. 反射性　　　　　B. 透射性　　　　　　C. 折射性　　　　　　D. 相关性

E. 相干性

26. (　　)组成了光的相干性。

A. 季节相干性　　　B. 地点相干性　　　　C. 空间相干性　　　　D. 天气相干性

E. 时间相干性

27. 无论是 CD 机的激光头还是 VCD 视盘机的激光头,均由(　　)组成。

A. 物镜结构　　　　B. 目镜结构　　　　C. 激光头　　　　D. 反光镜

E. 激光枪

28. 四线型物镜机构的结构中采用与驱动小型扬声器线圈一样的驱动方法,就可沿(　　)驱动线圈骨架,物镜就可沿二维方向平行移动。

A. 聚焦方向　　　　B. 循迹方向　　　　C. 逻辑方向　　　　D. 伺服方向

E. 循环方向

29. 激光头性能变差时,就会出现(　　),甚至不能检索光盘目录或将光盘弹出机器等故障。

A. 伴有"咔咔"的噪声　B. 放像停顿　　　C. 不运转　　　D. 检索时间长

E. 反转

30. 下列现象中由于激光头性能变差引起的包括(　　)。

A. 激光头停止工作　　　　　　　　B. 激光头物镜机构位置失常

C. 激光头物镜位置失常　　　　　　D. 激光头径向移动不畅

E. 激光头打碟

31. 激光头径向移动不畅的检修方法是清洁导轨上的锈斑,用(　　)清洗干净,加少许黏度较低的润滑油,再更换减速齿轮、进给电机即可。

A. 汽油　　　　B. 水　　　　C. 无水酒精　　　　D. 酒精

E. 食醋

32. 激光头脏污处理时需要的操作工具应该有(　　)。

A. 无水酒精　　　　B. 酒精棉纱　　　　C. 示波器　　　　D. 钳子

E. 信号发生器

33. 激光头脏污的处理过程包括(　　)。

A. 用一块软布盖住激光组件,彻底清洁机器内部其他部分

B. 用丝绸蘸中性清洁剂擦洗激光头物镜

C. 用清水冲洗整个激光头组件

D. 清洗完毕后,按照原来的结构和位置装好

E. 小心拆开物镜子机构,轻轻清洗腔体内的镜片,然后用修钟表的橡皮球对准光学腔体和物镜机构吹气清洁

34. 数字信号处理电路的结构包括(　　)。

A. 位时钟回复电路　　　　　　　　B. 帧同步信号回复电路

C. 模拟输出处理电路　　　　　　　D. 数字输出处理电路

E. 子码解码器

35. 数字信号处理电路的信号流程包括(　　)。

A. 数据选通与位时钟恢复　　　　　B. 异步信号检测

C. EFM 解调与数据分离　　　　　　D. 同步信号检测

E. 纠错与插补

36. 数字处理组件工作不正常等故障现象主要有(　　)。

A. 无字符　　　　B. 无声音　　　　C. 花屏　　　　D. 图异

E. 行场不同步

37. 可采取(　　)来定位图异故障就在数字信号处理电路上。

A. 进入会聚状态　　　　B. 孤立会聚状态　　　C. 记录会聚画面　　　D. 调试会聚画面

E. 观察会聚画面

38. 以下(　　)可以组成数字信号的含义。

A. 数字化的离散时间信号　　　　　　　　B. 模拟化的离散时间信号

C. 离散系统中的波形信号　　　　　　　　D. 数字化的连续时间信号

E. 数字系统中的波形信号

39. 音频电路故障会出现以下(　　)现象。

A. 无声音输出　　　　　　　　　　　　　B. 有较大噪声输出

C. 声音小，音量电位器无法进行调节　　　D. 单边有声音输出

E. 光盘自动出仓

40. 激光视盘机的伺服机构包括(　　)、使整个激光头做径向移动的滑行伺服机构以及控制光盘旋转，以保证激光头相对于信迹作恒定速度移动的主导轴伺服机构等。

A. 聚焦伺服　　　　B. 循迹伺服　　　　　C. 滚动伺服　　　　D. 轴向伺服

E. 平动伺服

41. 伺服系统的功能有随机选取播放曲目、伺服的系统控制以及提供正确的(　　)。

A. 聚焦　　　　　　B. 逻辑　　　　　　　C. 循环　　　　　　D. 循迹

E. 控制

42. 激光视盘机激光头获得(　　)信号，而让物镜做上下移动，以完成聚焦的是聚焦伺服机构；使物镜做径向运动以正确扫描信迹的是循迹伺服机构，这就是激光视盘机的伺服机构。

A. 聚焦误差　　　　B. 逻辑误差　　　　　C. 轨迹误差　　　　D. 信迹误差

E. 循迹误差

43. 为使光盘的信号面始终落在激光束的聚焦范围之内，需要上下移动的部件有(　　)。

A. 物镜　　　　　　B. 光盘　　　　　　　C. 激光束　　　　　D. 目镜

E. 激光头

44. 粗聚焦完成信号(FOK)就是使得(　　)的距离在自动聚焦电路控制范围内。

A. 物镜　　　　　　B. 目镜　　　　　　　C. 激光头　　　　　D. 光盘

E. 激光束

45. 当激光视盘加载后，物镜与视盘信号面较远，不在聚焦误差信号 S 形曲线范围内，物镜的聚焦线圈由(　　)控制，大幅度垂直地使物镜上下运动。

A. 激光束　　　　　B. 激光　　　　　　　C. 激光头　　　　　D. 移动信号

E. 升／降信号

46. 循迹伺服系统的功能是(　　)。

A. 控制物镜在水平方向移动　　　　　　　B. 控制目镜在水平方向移动

C. 使激光束始终跟踪光盘纹迹　　　　　　D. 控制目镜在垂直方向移动

E. 使激光头始终跟踪光盘纹迹

47. 直接检测法是(　　)。

A. 用电流－电压转换器分别对副光束的光敏接收器的输出电流积分

B. 用电流－电压转换器分别对主光束的光敏接收器的输出电流积分

C. 用电流－电压输出积分的和作为循迹误差信号的方法

D. 用电流－电压输出积分的差作为循迹误差信号的方法

E. 用电流－电压输出积分的积作为循迹误差信号的方法

48. AM 检测法中,有一高通滤波器(HPF),它能有效地抑制低频噪声,故 AM 检测法对光盘的( )的循迹性能好。

    A. 缺陷   B. 错误   C. 磨损   D. 损伤

    E. 误差

49. 当移动量超过其限度时或者视盘机要实现对光盘信息的( )等功能时,系统控制电路将发出指令来移动整个激光头,称为进给伺服。

    A. 暂停   B. 提取   C. 快进   D. 选曲

    E. 快退

50. 主导轴伺服的作用是( )。

    A. 有一个反映光盘转速的错误信号   B. 有一个反映光盘转速的误差信号

    C. 控制光盘的相位   D. 控制光盘的转速

    E. 控制光盘的幅值

51. 伺服系统的常见故障有( )等。

    A. 光盘不转   B. 不读碟   C. 光盘跳曲   D. 纠错差

    E. 自动停机

52. 聚焦、循迹伺服电路故障一般有( )等表现形式。

    A. 无聚焦、循迹伺服动作   B. 聚焦、循迹动作失控

    C. 聚焦、滑行伺服反应慢   D. 聚焦、循迹伺服反应慢

    E. 聚焦、滑行伺服反应快

53. 当无聚焦、循迹伺服动作故障时,如果开机后物镜无上下聚焦动作,这时光盘将不转动,应首先检查( )。

    A. 驱动电路   B. 电源电路   C. 循迹伺服电路   D. 滑行伺服电路

    E. 聚焦伺服电路

54. 激光视盘机的基本参数调整一般有 6 个(三光束系统),包括 APC 调整电位器可进行( )调整。

    A. 功率   B. 循迹平衡   C. 聚焦增益   D. 循迹增益

    E. RF 信号

55. 循迹伺服调节机构与聚焦调节机构相同,也是依靠循迹线圈中的( )来调节物镜的水平位移量和方向的。

    A. 电流的大小   B. 电流的方向   C. 电压的方向   D. 电容的大小

    E. 电阻的大小

56. 光盘从信号引入纹迹到信号引出纹迹,其距离有 35 mm,这就要靠( )在光盘半径方向上作 35 mm 的长距离移动。

    A. 进给伺服机构   B. 聚焦伺服系统   C. 焦透镜   D. 滑行伺服系统

    E. 激光头

57. 下列关于激光视盘机调整的说法正确的是( )。

    A. 参数调整各项中,以循迹平衡调整和聚焦调整平衡这两个参数调整最为重要

    B. 参数调整各项中,以激光光功率调整和聚焦增益调整这两个参数调整最为重要

    C. 聚焦平衡调整即聚焦偏置调整

D. 参数调整各项中,以聚焦偏置调整和 RF 信号调整这两个参数调整最为重要

E. 参数调整各项中,以循迹平衡调整和 RF 信号调整这两个参数调整最为重要

58. 激光视盘机的循迹增益调整不能改变整个循迹伺服系统的( )。

A. 增益　　　　　B. 平衡　　　　　C. 运行路线　　　　　D. 轨迹

E. 运动速度

59. 激光视盘机的( )不能改变系统的增益。

A. 激光光功率调整　　B. 聚焦增益调整　　C. 循迹增益调整　　D. 循迹平衡调整

E. 进给系统调整

三、判断题(对的画"√",错的画"×")

( ) 1. 聚焦伺服系统的功能是使激光头的物镜作上下移动以跟踪激光头因高速旋转而发生的上下振动,使激光头的信号面始终落在激光束的聚焦范围之内。

( ) 2. 滑行伺服一般是从循迹线圈上获取滑行伺服的误差信号电压,也就是说用循迹误差信号作为滑行伺服控制信号。

( ) 3. DVD 盘单面可以记录高达 4.7 GB 的数据、声音及资料,光盘容量为 CD 容量的 7 倍,而且 DVD 可以双面记录数据,也可以双面双层记录数据,最大容量约为 17 GB。

( ) 4. 激光视盘机最多可装载 6 种伴音,每种伴音可有 8 个声道。在一张光盘上可载有多国语言和多种伴音格式。

( ) 5. 电源电路常见故障现象主要有全部方式不工作(无显示)、操作正常,多功能显示器不亮,VTR 开关有显示、但操作不灵。

( ) 6. 激光视盘机的工作过程由开机工作过程、RE 放大器、数字信号处理电路、关机工作过程构成。

( ) 7. RF 信号处理电路通常应具有以下功能:输出含有 RF 信号的音频/视频信号、能形成循迹误差信号 FE、能形成聚焦误差信号 TE、具有 APC 电路、具有反射部分检出电路。

( ) 8. 数据信号处理电路有把 14 位 EFM 信号恢复为调制前的 8 位(一个字节)二进制数码,并进行纠错运算,保证传送的数据信息与录制前相似的功能。

( ) 9. 光碟数值的保存是激光一层层打上去的,光驱里面有激光头,在光碟的高速扭转的历程中,激光头射出的激光能读取盘上的数值。

( ) 10. 如果两个光波的波幅在空间是确定的,但无规则,那么同一点在不同时刻的波幅之间存在一定的固定关系,称之为时间相干性。

( ) 11. 激光头性能变差时,就会出现放像停顿、检索时间长、伴有"咔咔"的噪声,甚至不能检索光盘目录或将光盘弹出机器等故障,其原因多为激光头钝化或老化。

( ) 12. 激光视盘机的伺服机构包括聚焦伺服机构、循迹伺服机构、使整个激光头做径向移动的滑行伺服机构,以及控制光盘旋转,以保证激光头相对于信迹作恒定速度移动的主导轴伺服机构等。

( ) 13. 循迹增益调整时,可通过调整包括 APC 调整电位器在内的部件以弥补辅助光束接收管 E、F 的固有特性容差。

( ) 14. 激光视盘机整机构成包括 6 个部分,其中激光头部分运用了激光的反射、折射等原理。

( ) 15. 当激光管发生老化时,全息式激光头在维修时易于更换激光管而三光束激光头只

能更换整个复合激光管。

（　　）16. 全息镜片是由两个不同周期的衍射光栅组成,它具有透射性,对激光管发射的激光产生反射,将3束反射光分裂成6束,在光敏接收组件上成像。

（　　）17. 激光视盘机的伺服系统能使激光头做径向运动以正确扫描信迹。

（　　）18. 伺服系统亦称随动系统,它用来控制被控对象的转角(或位移),能使其自动地、连续地、精确地复现输入指令的变化规律。

（　　）19. 激光视盘机的伺服机构中包括控制光盘旋转,以保证精密机械相对于信迹的恒定速度移动的主导轴伺服机构等。

（　　）20. 控制系统电路是整个视盘机的控制指挥中心,它担负着对整机工作的协调控制,包括操作输入电路、进出盘控制电路、显示控制伺服电路控制电路、数字信号处理控制电路、复位电路等。

（　　）21. 循迹伺服调节机构与聚焦调节机构相同,都是依靠循迹线圈中电流的大小和方向来调节物镜的水平位移量和方向的。

（　　）22. 为使激光束准确地循迹,只要物镜在循迹线圈作用下微动就能读出光盘上的全部信息。

（　　）23. 激光头在读盘时形成从光盘内圈开始的螺旋形轨迹,光盘转动的角速度是恒定的。

（　　）24. 来自模拟伺服处理器的信号进入 CD 接口,在内部进行信号分离,产生视频流和音频流,然后进行视、音频解码处理。

（　　）25. 伺服系统与中央控制系统连接,以中央控制系统的软件语言形式,完成相应的切换需要。

（　　）26. 激光视盘机最多可装载 16 种字幕,用户可任选其中一种,也可关闭所有字幕。

（　　）27. 由于激光视盘机使用了许多集成电路,而制造集成电路时又不可能只考虑本系统信号的流程,因此往往把一些性质不同的电路做到一个集成电路内。

（　　）28. 激光视盘机的工作过程由开机工作过程、RF 放大器、数字信号处理电路、RE 高频信号构成。

（　　）29. 激光视盘机的开机工作过程由面板工作过程、显示控制和显示驱动系统、遥控工作过程组成。

（　　）30. 数据信号处理电路有由 EFM 信号产生位时钟 BCLK 信号,作为信号处理的标准信号的功能。

（　　）31. 目前激光视盘机多采用半导体可见光激光器作为光源,此激光为紫色激光。

（　　）32. 在激光视盘机中采用的激光器能产生红光,这种激光不具有普通光的一般物理特性。

（　　）33. 激光是由激光头发出,再射到半透镜,一部分激光经过反射从非球面透镜射出来,再经过 CD 盘片上的反射层把光线反射回来,直接射到下边的"光检测器"。

（　　）34. 激光的物理特性有发射性、透射性、折射性、相干性。

（　　）35. 如果两种光具有确定的相位关系,即在同一时刻空间任一点其波幅为另一点波幅的确定函数并密切相关,称之为时间相干性。

（　　）36. 无论是 CD 机的激光头还是 VCD 视盘机的激光头,均由三部分组成。

（　　）37. 四线型物镜机构的结构中物镜固定(卡紧)在塑料骨架中央圆孔顶端,循迹线圈直接绕在骨架上。

（　　）38. 四线型物镜机构的结构中采用与驱动小型扬声器线圈一样的驱动方法,就可沿聚焦方向和循迹方向驱动线圈骨架,物镜就可沿垂直方向平行移动。

( ) 39. 在进行由物镜失常引起的故障时值得注意的是必须明确故障的确是由物镜位置失常造成的。

( ) 40. 在激光头故障中物镜机构位置失常故障较为常见。

( ) 41. 在用"浸泡法"进行激光头脏污处理时需要将激光头取下来进行。

( ) 42. 激光头脏污处理时第一步要清洗激光头聚焦透镜的上表面,清洗时用棉签蘸一点清水,轻轻擦拭就可以了,因为透镜上表面容易被灰尘脏污,多数情况下故障可以排除。

( ) 43. 激光头老化的处理时应该用清水冲洗整个激光头组件。

( ) 44. 数字信号处理电路的结构包括位时钟回复电路、帧同步信号回复电路、子码解码器、数字输出处理电路。

( ) 45. 数字信号处理电路的信号流程包括数据选通与位时钟恢复,同步信号检测,EFM解调与数据分离、纠错与插补。

( ) 46. 无字符、图异、花屏、行场不同步等故障现象有可能与数字处理组件工作不正常有关。

( ) 47. 可采取进入会聚状态,观察会聚画面进行故障范围判定来定位图异故障就应在数字信号处理电路上。

( ) 48. 数字信号可以有多重的含义,它可以用来表示已经数字化的离散时间信号,或者表示模拟系统中的波形信号。

( ) 49. 激光视盘机检修时,AM检测法是对凹坑信号取样,从取样信号中获得聚焦信号的。

( ) 50. 伺服系统除提供正确的聚焦及循迹外,还具有随机选取播放曲目功能,以及伺服的系统控制功能。

( ) 51. 激光视盘机的伺服机构要使物镜做上下移动以完成聚焦,需要使视盘机激光头获得循迹误差信号和聚焦误差信号。

( ) 52. FOK信号就是精聚焦完成信号,当FOK信号到来时,说明物镜与光盘的距离在自动聚焦电路控制范围内,说明精聚焦已经完成,故称为精聚焦完成信号(FOK)。

( ) 53. 当激光视盘加载后,物镜与视盘信号面较远,不在聚焦误差信号S形曲线范围内,物镜的聚焦线圈将由激光头升/降信号控制,大幅度垂直地使物镜上下运动。

( ) 54. 循迹伺服系统的功能是控制物镜在水平方向移动,使激光头始终跟踪光盘纹迹。

( ) 55. 直接检测法是用电流－电压转换器分别对副光束的光敏接收器的输出电流积分后,再用两者的和作为循迹误差信号TE的方法。

( ) 56. 在AM检测法中,首先用窄频带的电流－电压转换器将光电流变为电压,然后使其通过高通滤波器(HPF)。

( ) 57. 当移动量超过其限度时或者视盘机要实现对光盘信息的快速提取、选曲、快进、快退等功能时,系统控制电路将发出指令来移动整个激光头,称为循迹伺服。

( ) 58. 进给伺服又称径向伺服。

( ) 59. 光盘转动的角速度是不断变化的,这就需要一个主导轴伺服电路来控制光盘的转速。

( ) 60. 普通电源一般包括通用型三端固定集成稳压器、可调式三端集成稳压器。

( ) 61. 激光视盘机全部方式不工作(无显示)故障多为电源变压器初级以前的交流电路有关部件不正常所致。

( ) 62. 伺服系统的常见故障有:播放无图无声,机芯和机械部分运转正常,物镜无上下摆动调焦动作；放入光盘后，激光头不能读 TOC。

（　　）63. 聚焦、循迹伺服电路故障一般有无聚焦、循迹伺服动作，聚焦、循迹动作失控、聚焦、循迹伺服反应慢等形式。

（　　）64. 当无聚焦、循迹伺服动作故障时，如果开机后物镜无上下聚焦动作，这时光盘仍正常转动，应首先检查聚焦伺服电路及驱动电路。

（　　）65. 激光头的循迹是由循迹伺服和进给伺服系统共同协调完成的。

（　　）66. 循迹伺服调节机构与聚焦调节机构相同，也是依靠循迹线圈中电流的大小和方向来调节物镜的水平位移量和方向的。

（　　）67. 光盘从信号引入纹迹到信号引出纹迹，其距离有 35 mm，这就要靠进给伺服机构带动激光头在光盘半径方向上作 35 mm 的长距离移动。

（　　）68. 循迹伺服的功能是使物镜跟踪纹迹中心并补偿光盘的偏心，确保激光束在光盘上的调节范围不大于 1 mm。

（　　）69. 激光视盘机的参数调整各项中，以循迹平衡和聚焦平衡这两个参数最为重要。

（　　）70. 循迹平衡调整是激光视盘机的三束光系统所特有的参数调整。

（　　）71. 激光视盘机的循迹增益调整可改变整个循迹伺服系统的增益。

参考答案

一、单项选择题

1. A	2. B	3. D	4. D	5. C	6. C	7. D	8. A	9. B	10. D
11. B	12. A	13. A	14. B	15. B	16. B	17. C	18. C	19. B	20. B
21. C	22. C	23. C	24. B	25. B	26. A	27. C	28. C	29. B	30. D
31. A	32. B	33. A	34. A	35. D	36. A	37. A	38. C	39. A	40. C
41. A	42. C	43. C	44. B	45. D	46. B	47. B	48. B	49. C	50. B
51. A	52. A	53. B	54. B	55. A	56. A	57. C	58. C	59. B	60. D
61. D	62. A	63. A	64. C	65. A	66. A	67. D	68. D	69. A	70. B
71. A	72. A	73. B	74. D	75. C	76. A	77. A	78. A	79. B	80. C
81. B	82. C	83. D	84. B	85. D	86. C	87. A	88. D	89. A	90. D
91. C									

二、多项选择题

1. ABCE	2. CE	3. ABD	4. ACDE	5. ABCD
6. CD	7. CDE	8. BC	9. AD	10. AE
11. BD	12. ACE	13. ABCD	14. ABCDE	15. ABC
16. ABDE	17. ADE	18. ACD	19. BCDE	20. ACE
21. ABCDE	22. ABCDE	23. ABCDE	24. AC	25. ABCE
26. CE	27. AE	28. AB	29. ABD	30. BCDE
31. AC	32. AB	33. ABDE	34. ABCD	35. ACDE
36. ACDE	37. AE	38. AE	39. ABCD	40. AB
41. AD	42. AE	43. AE	44. AD	45. CE

46. AC	47. AD	48. AD	49. BCDE	50. BD
51. ABCDE	52. ABD	53. AE	54. ABCDE	55. AB
56. AE	57. AC	58. BCDE	59. ABDE	

三、判断题

1. ×	2. √	3. √	4. ×	5. √	6. ×	7. ×	8. ×	9. √	10. √
11. ×	12. √	13. ×	14. √	15. ×	16. ×	17. ×	18. √	19. ×	20. √
21. √	22. ×	23. ×	24. ×	25. ×	26. ×	27. ×	28. √	29. ×	30. ×
31. ×	32. √	33. ×	34. ×	35. √	36. √	37. ×	38. √	39. √	40. ×
41. √	42. √	43. √	44. √	45. √	46. √	47. √	48. √	49. √	50. √
51. √	52. √	53. √	54. √	55. √	56. √	57. ×	58. √	59. √	60. √
61. √	62. √	63. √	64. ×	65. √	66. √	67. √	68. ×	69. √	70. √
71. √									

第五单元　维修数字机顶盒

→ 学习目标

（1）掌握数字机顶盒的整机构成。
（2）掌握数字机顶盒工作原理和各单元电路功能。
（3）掌握数字机顶盒故障分析方法。
（4）掌握数字机顶盒的维修方法。

→ 考核要点

考核类别	考核范围	考 核 点	重要程度
维修数字机顶盒	数字机顶盒故障分析、诊断和排除	数字机顶盒的整机构成	★★★
		操作显示面板的组成及作用	★★
		有线电视系统的组成	★
		有线电视的信号传输过程	★★★
		有线电视系统传输设备的功能特点	★
		有线电视系统的工作过程	★★
		数字机顶盒的故障现象	★★★
		数字机顶盒故障原因分析	★★★
		数字机顶盒故障定位	★★
		数字机顶盒的各单元电路的功能	★★★
		数字机顶盒的信号流程	★★
		解码电路的结构	★★★
		数字有线机顶盒解码板工作原理	★★★

考核类别	考核范围	考 核 点	重要程度
维修数字机顶盒	数字机顶盒故障分析、诊断和排除	数字机顶盒解码电路的常见故障	★★★
		数字机顶盒解码电路的故障分析	★★★
		数字机顶盒解码电路的故障定位	★★★
		数字卫星机顶盒信号流程	★★★
		A/V解码电路工作原理	★★★
		电源板工作原理	★★★
		数字机顶盒电源电路的故障	★★★
		数字机顶盒电源电路的故障分析	★★★
		数字机顶盒电源电路的故障检修方法	★★★
		有线电视系统的工作原理	★
		数字机顶盒整机电路构成	★★★
		调谐解调器的功能	★★★
		解复用器和MPEG解码器的功能	★★★
		视频解码器的功能	★★★
		音频D/A转换器的功能	★★★
		智能卡读卡器	★★
		解码板工作的原理	★★★
		系统控制与存储器的原理与功能	★★★
		开关稳压电源的工作原理与作用	★★★
	数字机顶盒调试	数字机顶盒各种功能菜单的调整方法	★★★
		数字机顶盒系统设置的调试方法	★★★
		数字机顶盒的软件升级方法	★★★
		数字机顶盒的程序调整要点	★★
		数字机顶盒的智能卡与接口电路相关知识	★

考点导航

一、数字机顶盒的故障分析、诊断和检修

1. 有线电视系统基础知识

（1）有线电视系统的组成。

有线电视系统是由前端、干线传输和用户分配三大部分组成。

① 前端部分。

前端部分是有线电视系统传输节目的总源头，为有线电视提供信号源。前端部分应用的设备主要有高频放大器、解调器、调制器、混合器等。电视信号数字化后，前端部分还包括信号源编码和数字调制系统。

② 干线传输部分。

干线传输部分是一个传输网,主要是把前端接收、处理、混合后的电视信号传到用户分配部分的一系列传输设备。干线传输部分应用的设备主要有光发射机、光接收机、分配放大器、干线放大器、同轴电缆、光放大器、光纤维,还包括多路微波分配系统等。根据有线电视用户总数的不同,需要干线提供的信号大小也不一样。干线放大器用来补偿干线上的传输损耗,把输入的有线电视信号调整到合适的大小输出。

③用户分配部分。

用户分配部分是有线电视系统的最后部分,直接将来自干线传输系统的信号分配、传送到各户的电视机中,其应用的设备主要有分支器、分配放大器、同轴电缆、用户终端等。在用户终端系统中实际上也包含分支器、分配放大器和机顶盒等。传输系统和终端使用普通模拟电视机可以直接收看模拟电视节目。如果使用数字有线机顶盒或带数字解调器的电视机,就可以收看数字电视节目。

(2)有线电视的信号传输。

有线电视中心将多路电视节目信号混合后,经同轴电缆或光纤传输系统送到用户终端。有线电视传输系统的信号编码处理过程包括信源编码和信道编码两大部分。信源编码部分主要是对音频和视频信号进行 A/D 变换和数据压缩编码的电路,信道编码则是为便于频道传输而设置的电路,它主要包括数据扰乱、RS 纠错编码、数据交织、字节到符号的转换、差分编码、基带整形、QAM 调制等部分。QAM 调制后的信号作为中频信号再经变频器变成射频信号,然后进行有线传输。

(3)有线电视系统传输设备的功能特点。

传输系统是有线电视系统的重要子系统,它位于前端和用户分配部分之间,其作用是将前端部分输出的各种信号不失真地、稳定地传输给用户分配部分。传输部分由多种传输设备构成,目前创建的主要传输设备有光发射机、干线放大器、光接收机、同轴电缆及光纤等。

(4)有线电视系统的工作过程。

有线电视系统中有线电视中心对接收到的由卫星传送的电视信号、无线广播的电视信号、微波传送的电视信号以及自办和录像机播放的电视信号进行编码、调制、合成等处理,后经混合器输出到传输系统,在传输系统中再经放大分支等处理后送入用户终端。有线电视中心对各种电视节目进行整合并统一规划,进行频段和频道的安排,其中一部分电视节目进行模拟调制,仍以模拟调制的方式传输,用户可以用模拟电视机直接收看。另一部分则分别进行数字编码和数字调制,然后分别调制到各自的频道上传输出去,由数字机顶盒进行数字解调和数字处理,最后输出音频、视频信号,再传送到电视机供用户收看。

2. 数字机顶盒整机电路构成

数字有线电视机顶盒的基本功能是接收有线电视系统传输的数字电视广播信号,通过解调、解复用、解码和音、视频编码,可供用户在模拟电视机上观看数字电视节目和浏览各种数据信息。

以北京 TC2132C2 型数字有线机顶盒的整机结构来说明。它主要由主电路板、操作显示面板和电源电路板等构成。

主电路板是数字有线电视接收机顶盒的核心部件,数据存储器、一体化调谐器、A/V 解码芯片、IC 卡座以及视频输出接口等核心器件都集成在主电路板上。

操作显示面板,它主要由数码显示器、操作显示接口电路、按键以及遥控接收电路等组成,主要功能是为机顶盒输入人工操作指令、显示机顶盒的工作状态以及接收遥控器的指令。

电源电路的主要作用是为整机提供工作电压和电流,它主要由交流输入电路(滤波电容、互感线圈)、整流滤波电路(桥式整流电路,+300 V 滤波电容)、开关振荡电路(开关振荡集成电路、开关变压器）、次级输出电路和稳压控制（光电耦合器等）等部分构成。

3. 数字机顶盒各部分功能

（1）调谐解调器。

有线电视调谐器接收信号的频率较低（48～860 MHz），频带较宽（812 M），中频频率为36 MHz，解调器采用 QAM 解调方式。一体化调谐解调器的作用是将传输过来的调制数字信号解调还原成传输流。

（2）解复用器和 MPEG 解码器。

解复用器由信道接口信道 FIFO、PID 处理器、PID 后处理器、内部音/视频接口和节目时钟提取电路等组成。其中信道接口提供自动传输包同步字节检测及实现同步锁定/未锁定的具有可编程时延的滞后机构，一旦建立同步，信道接口就通过信道 FIFO 将完整的传输包传输到 PID 处理器。信道接口还用于检查传输包的完整性、指示传输错误等。

（3）视频解码器。

视频解码器可将 8 位或 16 位 YCrCb 数字视频流编码产生复合视频、S 视频或 RG 视频信号，支持 PAL、NTSC 和 SECAM 制式。MPEG 视频解码器是一个支持 MPEG-1 和 MPEG-2 标准的视频压缩处理器，显示图像的格式转换由垂直和水平滤波器完成，用户定义的位图可以通过使用屏上显示功能叠加在显示图像上。MPEG 视频解码器包括内容随图像改变的寄存器、可变长度解码器（VLD）、视频解码控制器、PES 分析器、位缓冲器和启动码检测器等部分。

（4）音频 D/A 转换器。

音频 D/A 转换器是一种具有可编程锁相环（PLL）的立体声 D/A 转换器，其作用是将由音频解码器输出的 PCM 音频数据转换成左右声道的模拟立体声信号。

（5）智能卡读卡器。

通过读卡器读取 CA 智能卡中的数据用于数字电视节目的解扰，特别是在付费电视发展的今天，这是大多数机顶盒必不可少的部件。除了标准的读卡器外，在有些机顶盒中也采用通用接口 CI（Common Interface）来完成对 CA 智能卡的读取。CI 是一个由 DVB 组织为机顶盒和分离的硬件模块之间定义的标准接口。

（6）系统控制与存储器。

机顶盒的系统控制电路由 CPU、程序存储器、数据存储器、地址译码器和总线接口电路组成，完成系统控制和数据存储。

（7）操作显示面板。

操作显示面板通常由键盘矩阵及扫描电路、显示电路、红外遥控接收器等组成。用户通过操作面板按键或遥控器为 CPU 输入人工指令，完成设置功能。

（8）开关稳压电源。

开关电源部分是机顶盒中非常重要的一个环节。它主要由交流输入电路、整流滤波电路、开关振荡电路、开关变压器、次级整流滤波和稳压电路等部分构成。

4. 数字机顶盒组成实例

以同洲 CDVB2200 型数字有线电视接收机顶盒为例说明机顶盒的组成：该机顶盒由一体化调谐解调器 CD1316、传输流解复用器和 MPEG-2 解码器 MB87L2250、智能卡读卡器、操作显示面板和开关稳压电源电路等组成。

（1）一体化调谐器。

调谐器由高频段、中频段、低频段 3 路带通滤波器，前置放大器，变频器以及锁相环 PLL

频率合成器,中频放大器等组成,其结构类似于彩电的高频头。CD1316 的接收频率范围为 51～858 MHz,其调谐电压由内部的 DC/DC 变换器提供,频率选择与频道转换由 I^2C 总线控制内部带有数字可编程锁相环的调谐系统完成。调谐接收有线电视数字前端的 RF 信号后,再经滤波、低噪声前置放大、变频后转换成两路相位相差 90° 的 I、Q 信号,送入 QAM 解调器解调。

(2)解码器。

解码器采用了单片芯片 MB87L2250,该芯片内还包含嵌入式 CPU、DVB 解扰器、视频控制器及各种接口电路等,其内部组成如图 1-3-37 所示。

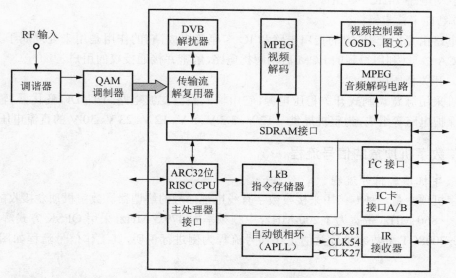

图 1-3-37 MB87L2250 解码器的内部组成方框图

调制器输出的并行或串行码流先送到 DVB 解扰器进行解扰。接收加密节目时,通过解扰后才能收看到。加密节目的码流中包含了前端发送来的 ECM、EMM 信息,这些信息是前端系统通过使用密钥及通过机密算法对码流数据包进行变换处理形成的。ECM 信息解密所用的初始密码来自前端的智能卡加密系统。解复用器包括传输流解复用器和节目流解复用器。传输流解复用器对 DVB 解扰器送来的传输码流进行数字化滤波,从中分解出节目 PID。接着再由节目流解复用器作进一步处理,即将节目流分解成只含音视频和传输数据的基本码流。

(3)MPEG-2 解码器。

MPEG-2 是 DVD 影碟机、卫星接收机、数字电视机所采用的技术标准,图像分辨率较高。MPEG-2 解码器是解压缩处理的核心电路。在进行数字电视信号的传输时对音频和视频数字信号进行压缩处理,在接收机中则进行解压缩处理。在解码芯片内对信号进行处理的过程中,将传输流解复用器分离出的数据信号送入 MPEG 解压缩处理的电路中,先进行数据分离,然后分别对音频数据和视频数据进行解压缩处理,还原出压缩前的数字信号。数字视频信号再进行视频编码和 D/A 转换,变成复合视频信息信号以及亮度、色度信号。音频数字信号再经多声道环绕立体声解码和音频 D/A 变换后输出立体或多声道音频信号。

(4)系统控制微处理器(CPU)。

机顶盒的系统控制电路由 CPU、程序存储器、数据存储器、地址译码器和总线接口电路组成。以 MB87L2250 芯片为例,CPU 为 MB87L2250 芯片中的嵌入式 CPU,在芯片中集成了

32 位高性能 CPU。其中 SRAM 和 SDRAM 中的两个主要电路可与不同速度的存储器连接，在读写时序中插入等待状态信息。

数据存储器以 HY57 V161610D 为例，它们是一种 16 MB 同步动态 SDRAM，一片用于系统控制电路的数据存储器，另一片用作解码器的数据缓冲存储器和帧存储器。它们分别用来存储执行程序需要的各种数据、传输码流中的专用数据和 OSD 数据等。

（5）操作显示面板。

本例的键盘扫描电路由 74HC245 与 CPU 的键盘接口电路组成。显示电路由 4 位七段数码管和驱动电路 74HC595 组成。

（6）智能卡读卡器。

该电路由专用于 IC 卡的接口电路和 IC 卡座等组成，它的作用是用来处理属于某个 CA 系统的 CA 信息，利用得到的 ECM 启动解扰电路，解密并接通授权的用户。

（7）开关稳压电路。

该机采用脉宽调制式开关稳压电源，它由输入整流滤波电路、DC/DC 变化器、输出稳压电路和保护电路等组成，为整机提供 −12 V、3.3 V、5 V、12 V、23 V、30 V 的直流电压。

二、数字机顶盒的信号流程

1. 数字机顶盒信号流程

数字机顶盒是一种专门用来接收数字有线电视信号的解调器。数字机顶盒接收的频率范围为 48～860 MHz，带宽为 1 200 MHz，中频频率为 479.5 MHz，采用 QPSK 方式解调，以九州 DVC-2008CT 型数字机顶盒的工作信号流程为例进行说明，其工作信号流程如图 1-3-38 所示。

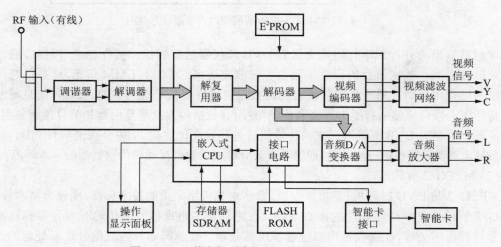

图 1-3-38　数字机顶盒信号工作流程图

射频信号输入后，先由一体化调谐器进行低噪声放大、滤波和变频，再由 QAM 解调器进行解调、去交织、RS 解码等一系列处理，成为符合 MPEG-2 标准的传输码流。接收加密节目时，由于该码流为用 Irdeto 加密方案加扰的码流，只有解扰后才能供用户收看。加密节目的码流中包含前端 CA 系列发送来的 ECM、EMM 的信息，这些信息是前端系统通过密钥及加密算法对码流数据包进行变换处理后生成的。ECM 信息加密所用的初始密钥取自前端的智能卡加密系统，加密密钥事先存于智能卡的数据区内，加密时通过获取函数得到密钥，密钥的安全性由智能卡的安全性来保证。解扰时,本机通过读取放置在本机中的智能卡中的用户授权信息,与从 TS 码流中提取的 ECM 的节目授权信息比较,对于符合条件的 ECM 信息皆可解出其中的控制字,然后再用此控制字对传输流进行解扰。

解扰后的传输码流经解复用器分解为音视频和专用数据基本码流。这些码流分别送到音视频解码器,经解码后还原成原始的音视频带数据。其中的音频数据送到音频 D/A 转换器,在那里转换成两路立体声音频信号,再由音频放大器放大后输出;视频数据送到视频解码器,在那里转换成符合 ITU-R 601 标准的复合视频(CVBS)信号和 S 视频信号,经过滤波网络滤波后输出。

下面介绍数字有线机顶盒解码板工作原理。

（1）解码电路的结构。

数字电视机顶盒的主要功能就是将接收的数字信号转换为模拟电视信号,使用户不用更换模拟电视机就能收看数字电视节目。经过一体化调谐解调器解调后输出的 TS 码流是一种包含视频、音频和数据信息的多路节目数据流,按 MPEG-2 标准复合而成。因此,在解码前要先对 TS 码流进行解复用,根据所要收看节目的数据包识别符(PID)提取出相应的视频音频和数据信息,恢复符合 MPEG-2 标准打包的节目基本数据流(PES),然后进行 MPEG-2 解码。节目基本流数据包送到 MPEG-2 解码器芯片中进行解压缩,生成 CCIR601 格式的视频数据流和 PCM 格式的音频数据流,分别送到视频解码器和音频 D/A 转换器。视频解码器再按一定电视制式解码,最后经 D/A 变换变成模拟图像信号和模拟音频信号,供电视机接收。

（2）解码电路的工作原理。

以 SC2005 解码芯片为例,如图 1-3-39 所示。

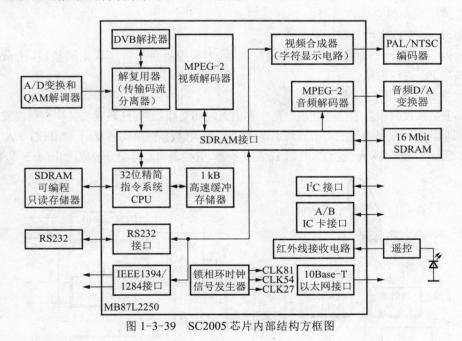

图 1-3-39　SC2005 芯片内部结构方框图

① 嵌入式 CPU。

嵌入式微处理器内部包括通用寄存器、系统控制处理器、算术逻辑单元和移位寄存器,系统控制处理器包括各种信息的处理,算术逻辑单元与逻辑运算以及计算地址等操作,移位器主要完成移位操作。

② 解复用器。

SC2005 芯片内的解复用器包括传输流解复用器和节目流解复用器。解复用器由信道接口、信道 FIFO、PID 处理器、PID 后处理器、内部音视频接口和节目时钟提取电路等组成。其中信号接口提供自动传输包同步字节检测及实现同步锁定或未锁定的具有可编程时延的滞后机构，一旦建立同步，信道接口就通过信道 FIFO 将完整的传输包传输到 PID 处理器。信道接口还用于检查传输包的完整性，指示传输错误。

③ MPEG-2 解码器。

解码器包括 I²C 总线接口，DMA 控制器，MPEG-2 音视频解码器接口，音频解码器，视频解码器和音频 D/A 转换器等电路。视频解码器和音频解码器使用外部存储器作为缓冲器。

④ 字符显示电路。

芯片内集成了一个在屏图像（OSG）子系统。该子系统能产生图文与解码视频相叠加，还能产生光标、OSD 和静止图像。

⑤ 视频解码器。

芯片内集成了一个视频解码器，可将 8 位或 16 位数字视频流编码产生复用视频、S 视频或 RGB 视频信号，支持 PAL、NTSC、SECAM 制式。它由数据控制单元、解码器、输出接口 RGB 处理器和 D/A 转换器几部分组成。

⑥ 音频 D/A 转换器。

芯片内还集成了一个音频 D/A 转换器。与其他音频 D/A 转换器一样，它也是一种具有可编程锁相环 PLL 的立体声 D/A 转换器，其作用是将由音频解码器输出的 PCM 音频数据转换成左右声道的模拟立体声信号。

⑦ 10Base-T 以太网接口。

芯片内包含了一个 10Base-T 以太网控制器，为系统提供了一个以太网接口，使系统能以高速方式与 PC 进行通信。

2. 数字卫星机顶盒信号流程

数字卫星接收机顶盒的信号处理电路主要由天线和变频器部分（高频头又称变频器或第一变频器）、调谐器（第二变频器）、卫星信号解调器（QPSK 解调、数据流解码解复用）、MPEG-2 A/V 解码器及视频编码器、视频 D/A 变换器、音频 D/A 变换器、射频调制器等部分构成，如图 1-3-40 所示。

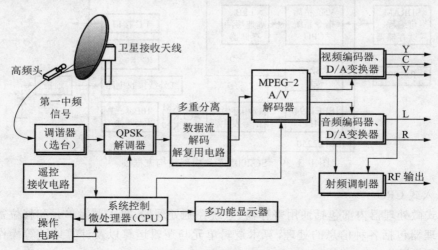

图 1-3-40　数字卫星电视接收机顶盒的信号处理电路

C 波段及 Ku 波段的卫星信号经过天线接收后送到安装在天线上的高频头,在高频头中经过放大、变频后输出标准的 950～2 150 MHz 的信号,输入至机顶盒的 IF 输入端。调谐器进行信号放大、混频(选台),经变频后将信号送到 QPSK 解调器。在解调器中先完成模拟 IQ 信号的 A/D 变换,得到数字式 IQ 信号,再经数字式 QPSK 解调、FEC 滤波后,还原出 MPEG-2 数据流信号。

　　数据流解码解复用电路完成 MPEG-2 数据流解码和分离,分解出视频、音频、同步控制及其他数字信号。MPEG-2 A/V 解码器完成视音频信号的解压缩、解码,还原出完整的图像及伴音数字信号。

　　视频编码器将数字图像信号编码,然后经 D/A 变换后输出模拟电视机所能接收的全电视信号或 Y、C 信号。音频 D/A 变换器将音频数字信号转换成左右两路模拟信号输出。

　　接收和处理数字卫星电视信号最主要的设备是电视接收机顶盒,因为它的功能是通过解码器处理数字信号,所以又称为接收解码器。

　　如图 1-3-41 所示,以 CX24142 系列为例来说明原理。来自卫星高频头的第一中频信号送到调谐器中进行调谐和变频处理,然后将调谐器解调后的信号送到解码芯片 CX24142 中,在芯片中进行 QPSK 解调、纠错解码、MPEG-2 解压缩处理,解码后的视频数字信号再进行视频编码和 D/A 变换,转换成模拟视频信号输出。它可以输出 S 视频和复合视频两种信号。数字音频信号在芯片中进行解码和 D/A 变换变成模拟音频信号输出。视频和音频信号再送到射频调制器调制成射频电视信号输出。

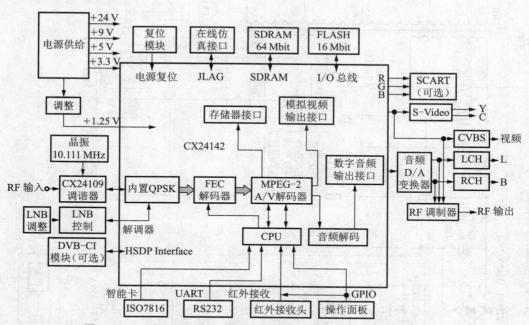

图 1-3-41　采用 CX24142 系列解码芯片的数字卫星机顶盒的电路

3. 电源板的工作原理

(1) 电源电路的结构。

　　同洲 CDVB3188C 是一个典型的开关式稳压电源,其电路图如图 1-3-42 所示。交流输入电路是由保险丝、300 V 滤波器、桥式整流二极管电路等部分构成的,其功能是将交流 220 V 电压变成直流 300 电压,并滤除来自市电的噪声和干扰。

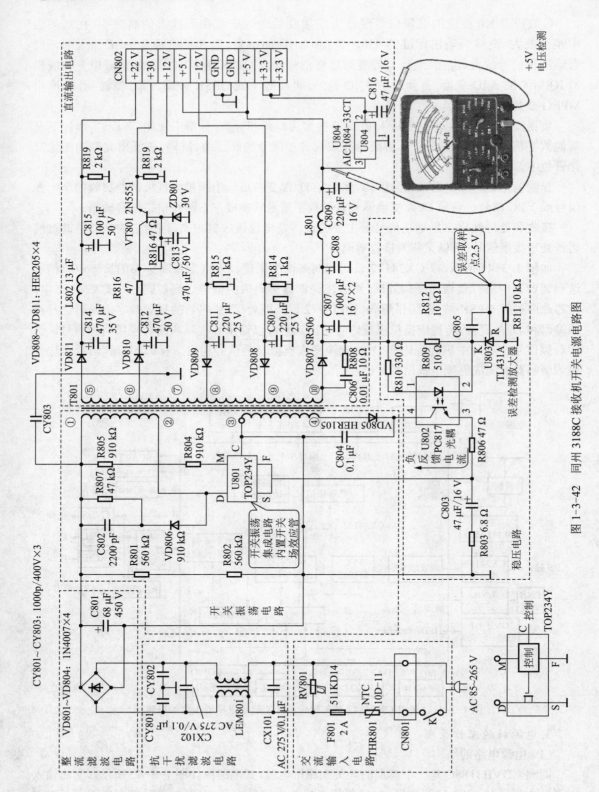

图 1-3-42 同州 3188C 接收机开关电源电路图

开关振荡电路是由开关晶体管、正反馈电路和开关变压器组成的。其功能是将 300 V 直流电压变成高频脉冲信号(其频率 1 ～ 50 kHz)。脉冲信号经过开关变压器输出多组脉冲电压，再经过多组整流滤波电路变成多个直流电压输出，为信号处理电路和控制电路供电。稳压电路是由误差检测电路和光电耦合器等部分构成。它的功能是通过负反馈电路自动检测输出误差电压，自动控制开关振荡电路，从而实现输出电压的稳定。

(2)电源电路的工作原理。

① 交流输入电路。

交流输入电路是由电源开关 K，交流输入接口 CN801，热敏电阻 THR801，保险丝 F801 和压敏电阻 RV801 等部分构成的。如接收机出现过载故障，保险丝将熔断，起保护作用。如果外部输入电压过高(高于 260 V)，压敏电阻将短路，并使保险丝熔断，同样起到保护作用。

② 抗干扰滤波电路。

抗干扰滤波电路主要是由滤波电容 CX101、CX102、CY801、CY802 和互感滤波器 LEM801 等元件构成的，它主要用于滤除来自交流电网的干扰脉冲，同时也可以防止开关电源产生的振荡脉冲反送到电网中对其他设备造成干扰。

③ 整流滤波电路。

整流滤波电路是由桥式整流电路 VD801 ～ VD804 和滤波电容 C801 构成的，它的主要功能是将交流 220 V 电压整流成直流电压(约 300 V)，再由电容 C801 平滑、滤波后消除脉动分量，为开关振荡电路供电。

④ 开关振荡电路。

开关振荡电路主要是由开关振荡集成电路 U801，开关变压器 T801，变压器次级输出电路和稳压电路等部分构成的。

开机后 300 V 直流电压加到开关变压器 T801 初级绕组的①脚，经初级绕组后由②脚输入开关振荡集成电路 U801 的 D 端，该端接 U801 内的开关场效应晶体管的漏极 D。与此同时，300 V 直流电压经启动电阻 R805、R804 为 U801 的 M 端加上启动电压，使 U801 内的振荡电路起振，于是 U801 内的开关场效应晶体管受到振荡信号的驱动而进入振荡状态。开关变压器次级绕组的④脚在起振时输出的信号经整流滤波后，由光耦 U802 反馈到 U801 的 C 端。开关电源起振后，开关变压器次级各绕组的输出经整流滤波后输出多种直流电压，为接收机供电。

⑤ 稳压电路。

稳压电路接在 +5 V 输出电路中，+5 V 输出电压经 R812、R811 构成分压电路，分电压的正常电压为 2.5 V。该电压作为误差取样信号送到误差放大器 U803 的输入端 R，如果输出的 +5 V 电压有波动，会引起取样点电压的变化。该误差电压加到 U803 的 R 端，会引起 U803 的 K、A 端间的阻抗变化，该阻抗的变化会引起光耦 U802 中发光二极管发光强度的变化，于是引起光耦 U802 中光敏晶体管阻抗的变化，并使 U802 的③脚电压发生变化。该电压作为负反馈信号加到开关振荡集成电路的 F 端，使 U801 中的振荡脉冲宽度变化，从而使开关电源的输出保持稳定。

⑥ 直流输出电路。

T801 次级绕组⑤～⑩脚经各自的整流、滤波电路产生直流电压供给主电路板，其中 +3.3 V 电压是由 +5 V 电压经低压差 LDO 稳压块 U804 产生的，为主芯片 MB87L2250 和 QPSK 解调芯片等供电；+5 V 电压为音频 D/A 变换器、调谐器等供电；正负 12 V 电压为音频放大电路供电。

　　+22 V 电压经过主板的可调试三端稳压集成电路 LM317 二次稳压后，在 CPU 的控制下，向 LNB 提供 13.18 V 极化切换电压；+30 V 电压由稳压管 ZD801 构成的简单串联式稳压电路产生，为调谐器中的 AGC 电路供电。在 -12 V、+12 V、+30 V 和 +22 V 电源输出电路中，分别接有 R814、R815、R818、R819 负载电阻，以降低该支路的空载及轻载电压。

三、数字机顶盒的调试

　　1. 数字机顶盒功能菜单

　　以北京 TC2132C2 型数字有线机顶盒为例，说明机顶盒功能菜单的调试方法。

　　（1）功能菜单介绍。

　　在菜单播放的状态下，按前面板上或遥控器上的【菜单】键，电视机将显示主菜单界面。

　　主菜单一般包括以下几项，根据机型不同而稍有不同：1 节目管理；2 导视视频；3 影视点播；4 ×× 资讯；5 财富空间；6 电视信箱；7 系统设置。

　　（2）功能菜单使用与调整。

　　① 节目管理调试方法。

　　进入主菜单后，按遥控器上的【CH+】键和【CH-】键选择"节目管理"，并按【V+】键或【V-】键进入节目管理菜单，在这里可以选择电视节目管理，广播节目管理，视讯节目管理和预定节目管理 4 个节目管理项目选项。

　　a. 电视节目管理。

　　进入电视节目管理菜单后，可以按【CH+】键或【CH-】键选择全部电视频道列表、家庭电视频道列表、电视喜爱频道列表、电视喜爱频道编辑、电视节目预告。

　　（a）全部电视频道。

　　按【CH+】键或【CH-】键实现上翻页下翻页选择要收看的节目，按【确认】键播放。

　　按【电视/广播】键，菜单在全部电视频道列表和全部广播频道列表间切换。

　　按【视讯】键，进入全部视讯频道列表菜单。

　　按【确认】键播放所选节目，按【返回】键返回上级菜单，按【退出】键退出菜单。

　　（b）家庭电视频道列表。

　　选择后按【确认】键，选择想看的节目。

　　（c）电视喜爱频道列表。

　　选择后按【确认】键，选择喜爱的节目。

　　（d）电视喜爱频道编辑。

　　选择后按【确认】键，对喜爱的频道进行设置。

　　（e）电视节目预告。

　　选择后按【确认】键，进入电视节目预告菜单。

　　b. 广播节目管理。

　　在广播节目管理的各级菜单下，可以看到如下项目：全部广播频道列表、家庭广播频道列表、广播喜爱频道列表、广播喜爱频道编辑和广播节目预告。

　　c. 视讯节目列表。

　　在视讯节目管理的各级菜单下，可以看到如下项目：全部视讯频道列表和家庭视讯频道列表。

②导视频道。

在主菜单中选择"导视频道",再按【确认】键,可进入电视台播出的导视频道。

③影视点播。

主菜单中选择影视点播后,再按【确认】键进入影视点播菜单。

可按【CH+】键或【CH-】键选择节目,按【V+】键和【V-】键切换栏目,按【确认】键进行点播。

④××视讯。

选择方法同上,选择相关视讯后按【确认】键即可。

⑤系统设置。

系统设置菜单包括:频道搜索、参数设置、系统管理、CA 信息。

a. 频道搜索。

在频道搜索菜单下,按【CH+】键或【CH-】键可以选择自动搜索、手动搜索、全频段搜索。

(a)自动搜索:在频道搜索菜单中,选择"自动搜索",按【确认】键后进入自动搜索菜单,搜索完成后显示最新搜索的电视节目和节目信息。

(b)手动搜索:在频道搜索菜单中,选择"手动搜索",按【确认】键后进入手动搜索菜单。按【CH+】键或【CH-】键可以将光标移动到需要设置的参数项,并按【确认】键选择;按 0~9 数字键或【CH+】键、【CH-】键、【V+】键和【V-】键配合输入正确的频率值,采用同样的方法设置符号率;在 QAM 选项中,按【V+】键和【V-】键选择相应的调试方式,如QAM64、QAM128、QAM256。

(c)全频段搜索:在频道搜索菜单中,选择"全频段搜索",按【确认】键后进入全频段搜索菜单,数字有线机顶盒将按照中国频道规划标准顺序一次搜索全部频点。

b. 参数配置。

进入主菜单之后,选择"系统设置",按【确认】键后进入系统设置菜单。选择参数配置,可以选择屏幕格式、菜单语言和菜单背景透明度等。

c. 系统管理。

在主菜单中选择"系统设置"可以进入系统设置菜单。然后选择"系统管理",按【CH+】【CH-】键可以选择童锁设置、恢复出厂设置、系统工作状态和系统版本。

(a)童锁设置。

在系统管理菜单中,选择"童锁设置"。其包含 4 个选项:节目锁、机顶盒锁、菜单锁、输入新旧密码。用户可以根据实际需要进行不同的设置。

(b)恢复出厂设置。

在系统管理菜单中,选择"恢复出厂设置"。按【确认】键后系统会给出提示。确认恢复出厂设置后,所有节目列表将被清空,系统会弹出搜台提示。用户选择按【确认】键后系统自动搜索节目,选择按【退出】键后保存空机。若不进行任何操作,10 s 后自动开始搜索。

(c)系统工作状态。

该菜单显示当前节目的各项参数和指标。

(d)系统版本。

此屏幕窗口显示本机顶盒的基本信息:机顶盒号、智能卡号、软件版本、硬件版本、LOADER 版本、背景版本、软件发布日期等。

（e）CA 信息。

在系统设置菜单中，选择"CA 信息"，按【确认】键后进入 CA 信息菜单。按【CH+】【CH−】键来选择授权信息、事件信息、钱包信息、PIN 码设置、成人级设置、CA 系统信息等。

2．数字机顶盒软件调试

（1）智能卡及接口电路。

每个有线数字电视用户都配有一张数字电视卡（又称智能卡），这个卡有一个内置的处理器和一个与数字机顶盒通信的接口。智能卡如同手机卡一样，当用户观看节目时，只需将智能卡插入机顶盒卡槽中，机顶盒就会根据用户收看的节目内容和时间在智能卡上做相应的记录。当智能卡上的余额用完后，可到指定的地点进行充值。智能卡具有高度的安全性，确保未经授权的用户不能接收有线数字电视服务。目前一个机顶盒配置一张专用的智能卡。

数字电视的 MPEG-2 传输流是经过加密的，加密方法是使正常传输流与一个伪随机序列进行异或运算，在接收端再与一个相同的伪随机序列进行一次异或运算即可得到解密的 MPEG-2 传输流。这里所说的伪随机序列相同，是指它们的起始点相同，这个起始点值称为控制字 Ks。这个控制字在授权密钥 Kw 的控制下快速变化，即控制码加密，控制码加密后称为权益控制信息 ECM。付了费的用户智能卡中都有一个分配密钥 Kd。在发送端用分配密钥对授权密钥加密，得到权益管理信息 EMM。ECM 和 EMM 经过复用方式和加扰的 MPEG-2 视音频传输流一起传送。

Sti5518 的 PIO 0 接口经过 CN-SC 座与智能卡板的 CN202 座相连。在插入智能卡后 SW 闭合，Sti5518 内的 CPU 检测到 SW 闭合后，给出复位信号 RST，并在时钟 CLK 的同步下经过卡座 I/O 端口读取智能卡内的数据。付费用户的智能卡内部有一个分配密钥 Kd。CPU 读出分配密钥 Kd，从 EMM 中解出授权密钥 Kw，再从 ECM 中解出控制字 Ks，并对加扰的音视频 MPEG-2 传输流进行解扰，得到付费电视节目信号。由于是三重加密，非授权用户是不可能看到付费节目的。

（2）数字机顶盒的连接。

① 数字机顶盒的连接。

数字机顶盒与电视机和预设有线电视插口的连接都是通过后面板上的各个端口进行的，一般的连接步骤如图 1-3-43 所示：

a．根据有线电视信号的接头类型选择正确的用户电缆线，将有线电视信号接头同有线电视机顶盒的"信号输入"端连接好。

b．用音视频连接线中的黄线连接有线电视机顶盒的视频端口（黄色）和电视机的视频输入端口，用音视频连接线中的红线和白线分别连接该机顶盒的左右声道和电视机的左右声道。

如果连接使用的电视机只有一个音频输入端口，将机顶盒的左声道或者右声道连接到该输入端口均可。若连接使用的电视机有 S 端子接口，则用 S-VIDEO 线将其与本机的 S 视频输出接口相连，可得到更高的图像质量。

c．可以通过光纤数字音频端口连接数字功放或将左右声道连接到音响设备上。

d．将电源线与 220 V/50 Hz 交流电插座相连。

② 数字卫星机顶盒的连接。

a．与高频头的连接。

数字卫星电视接收机顶盒与高频头之间通过同轴电缆进行连接。将加工好的电缆的一头与高频头连接好并拧紧,另一头与机顶盒上的电缆输入端连接好并拧紧。由于卫星接收系统中的天线一般安装于室外,同轴电缆与高频头的连接点也长期处于室外环境中。因此,为了防止雨水等渗入,可在高频头的连接处包裹塑料膜。

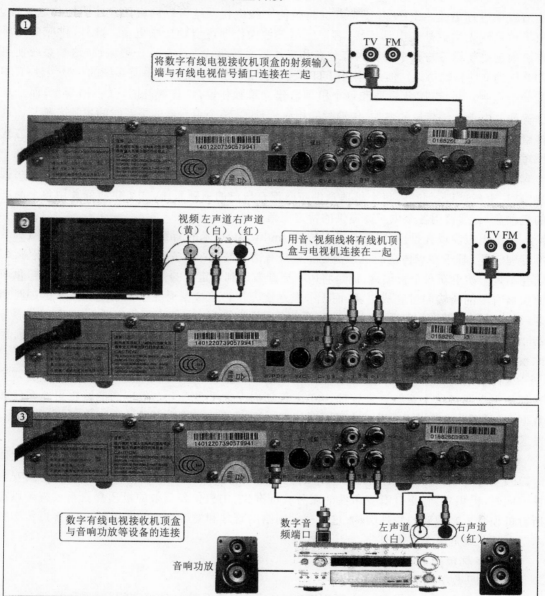

图 1-3-43　数字机顶盒的连接方法

b. 与电视机的连接。

数字卫星电视接收机顶盒也是通过同轴电缆与电视机进行连接的。通常情况下只需要将机顶盒的音频和视频接口与电视机的音视频接口相连接就可以。连接时注意连接线接头的颜色与接口颜色相对应,如果颜色无法对应上,机顶盒与电视机的接口也要对应上。也就是说,机顶盒上的黄色视频输出接口与电视机上的视频输入接口相连,红色的左声道输出接口与电视机的音频(左声道)接口相连,右声道通常使用白色的插头连接。

（3）机顶盒的软件升级。

数据广播服务器按 DVB 数据广播标准将升级软件广播下来,数字机顶盒能够识别该机顶盒软件的版本号,在版本号不同时就会接收该版本号的软件,并对保存在机顶盒存储器中的旧软件进行更改。IPTV 和支持双向传输的有线电视系统可以向机顶盒透明地传送软件。由于该系统无须额外的电话连接,客户无须其他操作即可自动接收更新。此外,供应商还可将机顶盒更新设备与整个视频内容分布和工作流系统集成在一起。一般来说,这些系统使用 FTP 作为文件传输协议。但是,使用 FTP 会影响推广更新系统的效率及系统的可升级性:FTP 是一个点到点协议,因此需要和每个机顶盒建立单独传输,这样既耗时,又占用带宽,而且难于管理。由于文件容量的增加,传输时间相应延长了,整个用户群的更新时间也随之延长。这样整个更新过程可能会延长。对此,供应商可以通过在数据中心增加应用程序服务器的方式缩短时间,但这是一种不经济的手段,增加了管理成本。FTP 通过重启传输来管理故障。在一个容纳上万个机顶盒的系统中,这样的重启传输可能会发生成百上千次,从而会造成网络拥塞,延长更新过程。此外,每个机顶盒供应商都有自己的更新系统,如果供应商使用各个品牌的机顶盒,必须使用各个供应商提供的特定更新系统。

很多供应商现在推出使用 IP 多点传送(multicast)技术的新系统,解决了系统的升级和效率管理问题。基于多点传送的机顶盒更新系统有诸多好处:IP 多点传送是一种点到多点协议。它并不是一次更新一个机顶盒,而是将所有更新发送到特定组的上万个机顶盒中。这样,供应商仅需有限的传输即可完成更新,而无须发送上万次。这样就避免了更新增长带来的超时问题,减少了网络拥塞。基于多点传送的系统是非常经济的,它使用标准 Windows/Linux 服务器(现有机顶盒可通过已有的更新方法更新)。因为这种系统可以更新任意数量的机顶盒,因此系统的可升级性好。

这种新系统可以和整个视频管理系统集成在一起,因此所有机顶盒的状态记录和更新控制都从中央通过单个系统进行管理。IT 工程师们无须受限于多个供应商的特定更新系统和数据库,只需一个数据库,即可访问所有信息。这样可以高效地实现机顶盒选择、文件选择、发送规划及生成报告。

随着基于 IP 的视频系统的不断增长,机顶盒供应商扩大了产品的多样性和功能。与此同时,IPTV 和 VOD 供应商迫切地希望采纳机顶盒最新功能,这样可以在确保内容和访问安全性的同时,提供更新、更具有竞争性的服务。标准化、中央化和高效的机顶盒更新系统可以在所有机顶盒上实现新的软件架构,这对视频网络的管理和发展是非常关键的。IP 多点传送技术对更新系统是至关重要的。

3. 数字机顶盒的检测与维修

（1）常见数字机顶盒的故障。

由于机顶盒要完成从第一中频到视频、音频的一系列信号处理过程,实现选择、控制、转换、遥控及显示等各种功能,工作时间较长,各种元器件的工作环境温度相对较高,因此出现故障的可能性相对较大。常见数字机顶盒的故障主要有:开关稳压电源板故障,主板硬件故障,主板软件故障和音、视频输出电路故障。

① 开关稳压电源板故障。

开关电源电路板故障是机顶盒中较为常见的故障之一,其故障现象多为开机后电源指示灯不亮,而面板无任何显示等。

② 主板硬件故障。

主板硬件故障根据故障点所在电路模块的不同,表现也不相同,具体将在下文进行分析。

③ 主板软件故障。

机顶盒主板软件故障主要表现为将机器重启后故障消失。引起此故障的原因多是人为操作不当。

④ 音频输出电路故障。

音频输出电路故障多表现为有图像无伴音等。

⑤ 视频输出电路故障。

视频输出电路故障多表现为伴音正常但无图像等。

（2）对数字机顶盒的故障进行分析和定位。

① 常见机顶盒故障分析和定位。

a. 开关稳压电源板故障分析和定位。

开机后电源指示灯不亮,面板无任何显示为开关稳压电源板故障。出现此故障现象后应先检查保险管是否烧断,如保险管已烧断,说明电路中有元件出现短路、过载的故障,应重点检查滤波电容、整流堆、开关稳压模块等。如保险管未烧断,应检查直流电压输出电路、稳压控制电路以及开关稳压模块。

b. 主板硬件故障分析和定位。

主板主要是由解码芯片、存储器电路、信号处理集成电路、电源供电电路以及各种接口等部分构成的。对于这部分,主要是通过对数据信号、地址信号、时钟信号、同步信号以及控制信号的检索来寻找故障线索。

c. 主板软件故障分析和定位。

重启后故障消失,为软件故障。

d. 音频输出电路故障分析和定位。

无伴音的故障多为音频 D/A 变换器或输出放大电路出现问题,可重点检查这些电路及外围的相关元件。若声音很小或失真,通常为运算放大器或周围的电阻、电容损坏,更换即可。

e. 视频输出电路故障分析和定位。

无图像一般是视频编码器,后续编码器或后续滤波器等电路故障,可用示波器检查视频编码器的时钟信号、输入信号和输出信号。如这些信号异常,先查其外围元件是否损坏。如外围元件正常,可判明视频编码器损坏,更换即可。

② 机顶盒常见故障检修方法。

故障定位可通过直接观察法、测量法、替换法、对比推理法、加温法、干扰法、短路法和断路法来实现。

a. 直接观察法。

观察法是故障定位及维修过程的第一步,也是最基本、最直接、最重要的一种方法。当机顶盒出现故障后,先不要接通电源,而应先打开机壳,对机内可视部位进行全面检查,看元件有无烧断、烧焦、熏黑、开裂等明显损坏现象,插接件有无脱落、松动、脱焊现象,导线是否短路、开路,印制板是否完整,走线有无断裂、开路、短路等现象。如存在上述问题,应先更换修复。若经检查表面无问题,可接通电源,观察机内是否有打火、冒烟现象,闻一闻是否有焦味,听一听是否有异常声音,摸一摸变压器、散热片等有无异常升温、发烫等现象。

b. 测量法。

测量法主要有电阻测量法、电压测量法、电流测量法和电平测量法几种,通常要根据图纸资料确定检测部位。

电阻测量法是指用测量阻值大小的方法大致判断芯片或元件的好坏,以及判断电路的严重短路和断路情况。

电压测量法是指用万用表电压挡检查供电电压和各有关元件的电压,特别是关键点的电压。直流电压的测量有静态和动态之分。通过静态直流电压的测量可以判断直流供电回路是否正常,各晶体管是否导通;通过动态直流电压的测量,一般可以判断交流信号回路的工作是否正常。

电流测量法是指用万用表的电流挡测量设备总电流或晶体管的工作电流,以迅速判断故障部位。对无信号、信号弱、交调干扰等故障,均可采用电平测量法,通过用场强仪测量信号的电平高低可以判断故障的部位。

c. 替换法。

替换法是指用好的相应元件去替换怀疑故障的元件。若故障因此消失,说明怀疑正确;若故障依旧,说明判断错误,应进一步检查、判断。有时为检修一些疑难故障,可反复采用替换法判断故障产生的真正原因。

d. 对比推理法。

对比推理法是一种简单易行的检查方法,通过对相同型号的正常机顶盒和故障机顶盒的直流电压、在路电阻等参数进行逐一对比寻找不同之处,推断故障的部位。此法主要适用于检修一些没有电原理图的机顶盒。

e. 加温法。

对一些可疑元件或电路进行加温,可使故障及早出现或使电路恢复正常工作。如有的机顶盒开机正常,随着工作时间延长,某些元件开始发热,发热到一定程度就不能正常工作,关机冷却后,再开机又正常。检修时将电烙铁靠近发热元件对其加温,若故障出现或故障出现的速度快于加温前,或故障程度加剧,即可断定被加温元件有问题。

f. 干扰法。

用螺丝刀或镊子的金属部分碰触有关电路的输入点,看屏幕上有无杂波反应,有无不正常的声音,以便判断故障的部位。此法常用来检查无图像、无伴音故障。

g. 短路法。

当出现交流声干扰时,可用 0.1 μF 的电容将电路的输入端对地短路,若短路到某一级时交流声消失,则可断定故障在前一级。用短路法还可以判断振荡线圈或振荡电容是否正常,观察电压变化情况,如果有变化,表明振荡电路正常,否则表示停振。

h. 断路法。

割断某一电路或焊开某一元件或连线来缩小故障范围。如电流过大,可断开一些供电负载来观察电流电压的变化。

③ 故障实例。

a. 故障情况说明:开机后指示灯和数码显示管不亮,无图无声。

b. 故障分析:这种故障表明机顶盒的供电电路或电路板有故障,应先查电源与主电路板的连接接口以及主电路板与操作显示板的接口电路,寻找故障线索。

c. 故障检修:打开机盖试机,发现解码板上的电解电容顶部有突起现象,可能为电压升高或温度升高引起的爆裂。拔下电源板送往解码板的两支插头,测电源板的各组输出电压,5 V电压正常,其余各组电压均不同程度地偏高,由此说明稳压失控。更换 TL431 后,故障排除(TL431 各引脚的电压:R, 2.4 V;A, 0 V;K, 2 V)。

(3) 机顶盒故障检修。

① 一般检修工具:除了准备机顶盒的电路原理图,还需要准备检修工具。

a. 螺丝刀。在拆装过程中,较常用的有十字型和一字型两种。

b. 钳子。平口钳和尖嘴钳主要用来修整变形的器件或插拔跳线。斜口钳主要用来剪除多余无用的导线,剥线钳对导线进行加工,剥掉导线的外皮。剥线钳的钳口处有适合不同导线直径的切口,常见的有 2.0 mm、1.8 mm、1.5 mm、1.0 mm、0.8 mm、0.5 mm 和 0.3 mm 等。

c. 清洁工具和清洁剂。检修时,常使用一些清洁工具对电路板进行清洁操作,常用的清洁工具有:防静电清洁刷、吹气皮囊、清洁剂,清洁剂主要有专用电子清洗液、酒精和天那水等。

d. 测量仪器仪表。检修经常使用到的仪器仪表主要有万用表、示波器、晶体管图示仪等。

e. 焊接工具和辅助材料。常用的焊接工具有电烙铁、热风枪、吸锡器、吸锡带,辅助材料有焊锡丝、松香、焊膏、松香水等。

f. 辅助工具。辅助工具有镊子、放大镜等。镊子用于夹持导线、元器件等,放大镜用于帮助看清微小元器件的引脚等。

② 机顶盒各部分故障检修方法。

a. 电源电路的故障检修。

机顶盒中的电源电路主要是由交流输入电路、开关振荡电路以及光电耦合器、场效应晶体管、整流二极管等相关元器件构成,这些主要电路及关键器件就是检修时的重点。

(a) 故障现象。

数字卫星电视接收机顶盒电源电路的故障主要表现为:

a) 开机无反应,全部不动作;

b) 开机指示灯亮,但无图像,无伴音;

c) 开机指示灯亮,有字符显示,但无图像,无伴音。

(b) 操作准备。

按照①中准备一般检修工具,其中万用表是必备工具。

(c) 检修步骤。

a) 检查交流输入电路。

如果开关电源不工作,首先应检查交流输入电路。

图 1-3-44 是某型号电视机顶盒开关电源电路板,使用万用表进行检测。

交流 220 V 输入电压的检测步骤如下。

步骤 1:接上电源,按下电源启动开关,在电源电路板的输入端应有交流 220 V 电压。如无电压,应检查电源开关、电源插头和引线;

步骤 2:检测时,首先将万用表置于交流电压挡位,根据万用表型号规格的不同,选择大于220 V 的合适挡位,表笔不分正负极性;

步骤 3:将万用表的红、黑表笔与交流输入插件的检测部位连接,如图 1-3-45 所示。观察万用表指针的指示情况,如果显示 220 V 交流有输入,则进行步骤 b)。

b) 检测直流 300 V 电压。

图 1-3-44　某型号电视机顶盒开关电源电路板

当 220 V 交流电压输入没有问题时，可以进一步检测桥式整流堆的直流输出电压，图 1-3-46 所示为桥式整流堆的标识图。

图 3.-21　光电耦合器各引脚电压正常值

图 1-3-45　交流输入电压检测　　　　图 1-3-46　桥式整流堆标识图

检测桥式整流堆 300 V 输出电压的步骤如下（桥式整流堆如图 1-3-46 所示）。

步骤 1：将数字万用表置于直流电压挡（根据型号规格不同，选择 500 V 以上量程，此处推荐选择直流 1 000 V 挡）。

步骤 2：用黑表笔接热地，红表笔接桥式整流电路的输出端，万用表读数值约为 300 V，准确值应为交流输入电压的 $\sqrt{2}$ 倍。

注意事项：热地有可能连接相线，不要用手触摸交流输入电路的裸露部分。

c）检测次级直流输出电压。

故障分析：数字卫星接收机有时工作不正常，有时工作正常，说明 220 V 输入电路与 300 V 整流电路没有故障，那么故障有可能是由直流输出电压不稳定引起的。检测输出的 3.3 V 与 18 V 电压。

电源电路板的直流电压输出插座有 4 个引脚,左右两侧引脚的正常输出电压分别为 3.3 V 和 18 V,中间两引脚为接地端。通过测量输出端与接地端之间的电压即可判别是否有故障。

具体检测步骤如下。

步骤 1:选择数字万用表量程为直流 20 V。

步骤 2:将万用表的黑表笔接地(冷地),红表笔接最左侧的引线,观察万用表的读数,正常时应为 3.3 V。

步骤 3:将万用表的量程调整为直流 50 V,然后使万用表的黑表笔接地(冷地),红表笔接最右侧的引线。观察万用表的读数,正常时应为 18 V。

(d) 光电耦合器的检测方法。

故障分析:在数字卫星接收机的开关电源电路中,光电耦合器损坏也会引起电源电路的 3.3 V 和 18 V 直流输出电压偏高或偏低。某型号光电耦合器各引脚正常的工作电压分别为 0.35 V、0.45 V、17.5 V 和 18.5 V。

用万用表检测图 1-3-44 中的光电耦合器时需将黑表笔接地,然后依次用红表笔接光电耦合器的各个引脚,观察万用表的读数,并与正常值比较,判断其工作是否正常。

检测时,应根据实际情况选择万用表的量程范围,使测量结果更加准确。

e) 开关脉冲的检测方法。

故障分析:开关电源有故障有时表现为数字机顶盒整机不工作,此时需要检测开关电源是否发生了振荡。

操作准备:按照要求准备①中的一般检修工具,其中万用表和示波器是必备工具。

检测步骤如下。

步骤 1:将示波器的探头靠在开关变压器外部,若感应出振荡脉冲,则表明开关电源发生了振荡。

步骤 2:若无振荡信号,表明没有起振,检测开关场效应管是否损坏;

步骤 3:若开关场效应管本身无损坏,检测场效应管的启动电路;

步骤 4:若场效应管的启动电路正常,检测开关变压器的正反馈输出电路。

f) 整流二极管的检测方法。

整流二极管也是开关电源电路中故障率较高的元器件,更换时通常要使用相同型号的元件替换。

检测整流二极管时,要先判断二极管的正负极性,具体方法见本系列教材的初级部分。整流二极管极性确定以后,再检测正反向电阻,若都为无穷大,则判断二极管已断路;若正反向电阻均为零,则可判断二极管短路;若正反向电阻阻值相差不大,则表明该二极管失去单向导电性,更换该整流二极管即可。

b. 调谐接收电路的故障检修。

(a) 故障现象。

调谐接收电路有故障的主要表现为:

a) 无图像,无伴音,但有字符图形显示;

b) 图像频繁出现静像或马赛克,伴音间断并伴有尖锐的噪声。

数字卫星电视接收机顶盒的调谐接收电路主要用来对高频头输出的第一中频信号进行交放、变频和 QPSK 解调处理。许多机顶盒中调谐器和解调器构成一个组件,称为一体化调谐解调器。

（b）操作准备。

准备①中的一般检修工具和仪表，万用表和示波器是必备仪器。

（c）检修步骤。

步骤1：参照机顶盒一体化调谐器电路原理图（见图1-3-47）对电源供电电路及各种接口的电压及信号进行检查，对调谐器外围的元器件进行排查，更换不良的元器件。

步骤2：若外围元器件无故障，则需要整体更换调谐器。

c. 解码电路的故障检修。

（a）解码电路有故障的主要表现为：

a）无图像；

b）无伴音；

c）无字符图形显示。

引起解码芯片工作不正常的因素很多，需要分别进行检测，找到故障部位。多数是由外部的元器件损坏造成的。下面以典型卫星接收机的解码芯片为例，简单介绍解码电路的故障检修一般方法。

（b）操作准备：按照①中的要求准备一般检修用工具，因电路包含多引脚集成芯片，要准备拆卸工具热风焊枪。

（c）操作步骤：以同洲CDVB2000B数字卫星电视接收机的机顶盒为例来说明解码电路的故障检修。该解码芯片的型号为MB87L2250，主要完成数字卫星信号的解码工作。芯片引脚如图1-3-48所示。

当解码电路出现故障时，可重点检测如下几个方面。

（1）电源供电失常：该芯片有多个3.3 V供电端，应分别检测是否有电源失落的情况。

（2）时钟信号失常：MB87L2250芯片的⑯脚和⑱脚外接时钟信号产生电路，如果无时钟信号，则该芯片不能正常工作。

（3）复位信号失常：复位信号是⑱脚，J5的⑧脚为复位信号输入端。在正常的工作状态下⑱脚的电压应为3.3 V，如果电压失常，请检查电源电路是否有故障。

（4）外部存储器有故障也会引起MB87L2250芯片工作失常，只能通过对相关信号的检测来判别。主要检测数据信号、地址信号和存储器控制信号，再根据检测结果进行分析推断。MB87L2250芯片解码电路的正常典型信号波形如图1-3-49所示。

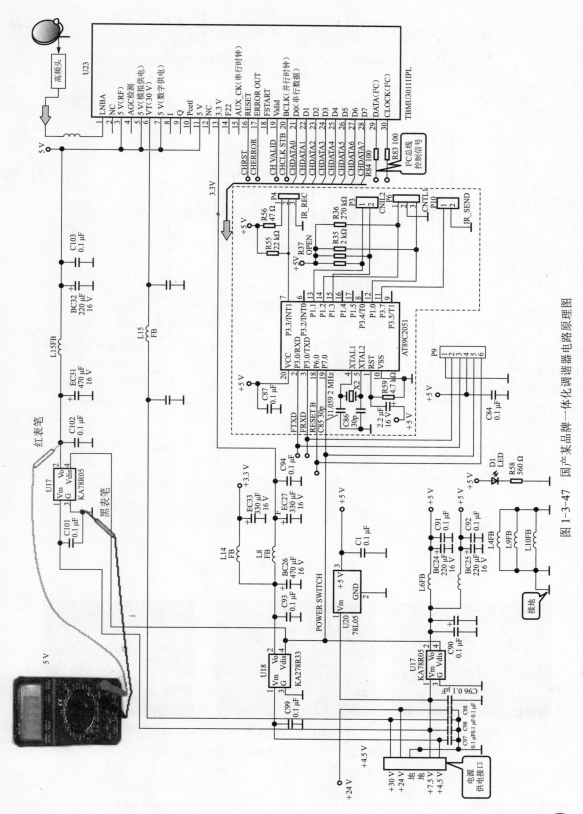

图 1-3-47 国产某品牌一体化调谐器电路原理图

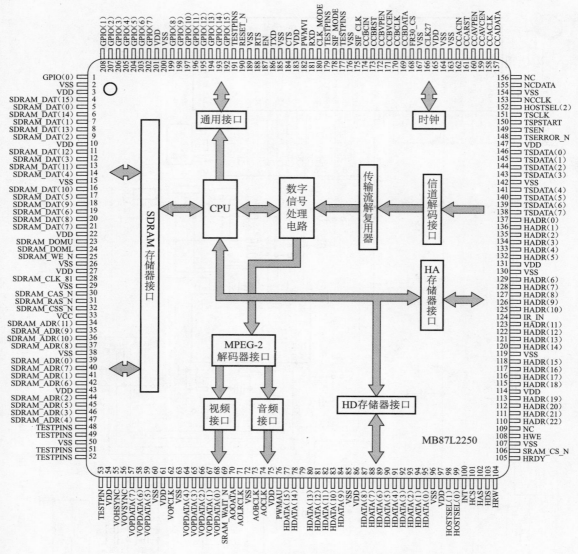

图 1-3-48　MB87L2250 解码芯片引脚图

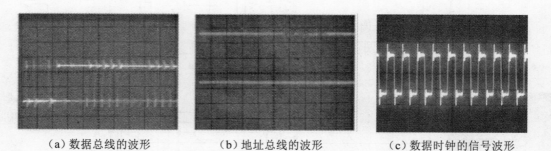

（a）数据总线的波形　　　　　（b）地址总线的波形　　　　　（c）数据时钟的信号波形

图 1-3-49　MB87L2250 芯片解码电路的正常典型信号波形

仿真训练

一、单项选择题（请将正确选项的代号填入题内的括号中）

1. 数字机顶盒的基本功能是接收有线电视系统传输的数字电视广播信号,通过（　　）,可供用户在模拟电视机上观看数字电视节目和浏览各种数据信息。
   A. 解调和解码
   B. 解复用、解码和音视频编码
   C. 解调、解复用、解码和音视频编码
   D. 解调、解码和音视频编码

2. 数字机顶盒主要由主电路板、（　　）和电源电路板等构成。
   A. 操作显示面板　　　B. 主芯片　　　C. CA 接口　　　D. 调制解调器

3. 操作显示面板主要是由（　　）、操作显示接口电路、按键以及遥控接收电路等组成。
   A. 数码显示器　　　B. 主芯片　　　C. CA 接口　　　D. 调制解调器

4. 操作显示面板主要功能是为机顶盒输入人工操作指令、显示机顶盒的工作状态以及（　　）。
   A. 视频输出
   B. 接收遥控器的指令
   C. 转换遥控器的指令
   D. 音频输出

5. 电源电路的主要作用是（　　）。
   A. 滤除由电网进来的各种干扰信号
   B. 防止电源开关电路形成的高频信号污染电网
   C. 阻止高频辐射传输出去
   D. 为整机提供工作电压和电流

6. 电源电路主要由交流输入电路、整流滤波电路、（　　）、次级输出电路和稳压控制等部分构成。
   A. 高频振荡电路　　　B. 自激振荡电路　　　C. 开关振荡电路　　　D. 晶体振荡电路

7. 有线电视系统是由前端、（　　）和用户分配三大部分组成。
   A. 信号源　　　B. 自动播出系统　　　C. 干线传输　　　D. 接收系统

8. 前端部分应用的设备主要有高频放大器、解调器、调制器、（　　）等。
   A. 消音器　　　B. 过滤器　　　C. 混合机　　　D. 混合器

9. 电视信号数字化后,前端部分还包括（　　）和数字调制系统。
   A. 信号源参数　　　B. 信号源编码　　　C. 电压信号源　　　D. 电流信号源

10. 干线放大器用来补偿干线上的传输损耗,（　　）。
    A. 把输入的数字电视信号调整到合适的大小输出
    B. 把输出的数字电视信号调整到合适的大小输入
    C. 把输出的有线电视信号调整到合适的大小输入
    D. 把输入的有线电视信号调整到合适的大小输出

11. 干线传输部分是一个传输网,（　　）传到用户分配部分的一系列传输设备。
    A. 主要是把前端处理、混合后的电视信号
    B. 主要是把前端接收、混合后的电视信号
    C. 主要是把前端接收、处理后的电视信号
    D. 主要是把前端接收、处理、混合后的电视信号

12. 用户分配部分应用的设备主要有分支器、（　　）、同轴电缆、用户终端等。
    A. 运算放大器　　　B. 信号放大器　　　C. 分配放大器　　　D. 功率放大器

13. 用户分配部分是有线电视系统的最后部分,（　　）。

A. 直接将来自前端系统的信号分离、传输到各户的电视机中

B. 直接将来自干线传输系统的信号分配、传送到各户的电视机中

C. 直接将来自干线传输系统的信号分离、传输到各户的电视机中

D. 直接将来自用户分配系统的信号分配、传送到各户的电视机中

14. 信源编码部分主要是对音频和视频信号进行(　　)的电路。信道编码则是为便于频道传输而设置的电路。

A. D/A变换和数据压缩编码、音频输出　　　B. A/D变换和数据压缩编码、频道传输

C. A/D变换和数据压缩编码、音频输出　　　D. D/A变换和数据压缩编码、频道传输

15. 有线电视传输系统的信号编码处理过程包括(　　)两大部分。

A. 信源编码和信道编码　　　　　　B. 信源符号和信道符号

C. 信源编码和信道符号　　　　　　D. 信源符号和信道编码

16. 传输系统作用是(　　)。

A. 将干线传输部分输出的各种信号不失真地、放大地传输给用户分配部分

B. 将干线传输部分输出的各种信号不失真地、稳定地传输给用户分配部分

C. 将前端部分输出的各种信号不失真地、稳定地传输给用户分配部分

D. 将前端部分输出的各种信号不失真地、放大地传输给用户分配部分

17. 传输部分由多种传输设备构成，目前创建的主要传输设备有光发射机、(　　)、光接收机、同轴电缆及光纤等。

A. 前置放大器　　　B. 功率放大器　　　C. 信号放大器　　　D. 干线放大器

18. 有线电视系统中电视中心对接收到的电视信号进行(　　)等处理，最后由混合器输出到传输系统，在传输系统中再经放大分支等处理后送入用户终端。

A. 调制、合成　　　B. 编码、合成　　　C. 编码、调制、合成　　　D. 编码、调制

19. 有线电视中心对各种电视节目进行整合并统一规划，进行频段和频道的安排，其中一部分电视节目进行(　　)，另一部分则进行数字编码和数字调制。

A. 模拟调试　　　B. 音频调试　　　C. 数字控制　　　D. 视频调试

20. 机顶盒(　　)主要表现为将机器重启后故障消失。引起此故障的原因多是人为操作不当。

A. 主板硬件故障　　　　　　　　　B. 主板软件故障

C. 音、视频输出电路故障　　　　　　D. 开关电源电路板故障

21. 开机后电源指示灯不亮，面板无任何显示为开关稳压电源板故障。出现此故障现象后应先检查保险管是否烧断，如保险已烧断，说明(　　)。

A. 电路中有开路的故障　　　　　　B. 电路中有元件短路、过载的故障

C. 软件故障　　　　　　　　　　　D. 元件受损

22. 可通过(　　)来实现定位。

A. 直接观察法、测量法、替换法、对比推理法、加温法、干扰法、短路法和断路法

B. 直接观察法、测量法、替换法、对比等量法、加温法、干扰法、短路法和断路法

C. 直接观察法、测量法、替换法、对比推理法、对比等量法、干扰法、短路法和断路法

D. 直接观察法、测量法、对比等量法、对比推理法、加温法、干扰法、短路法和断路法

23. 解复用器由(　　)等组成。

A. 信道接口、信道FIFO、PID处理器、PID后处理器、内部音/视频接口和节目时钟提取电路

B. 信道接口、信道 FIFO、PID 处理器、PS 后处理器、内部音／视频接口和节目时钟提取电路

C. 信道接口、信道 FIFO、PS 处理器、PS 后处理器、内部音／视频接口和节目时钟提取电路

D. 信道接口、信道 FIFO、PS 处理器、PID 后处理器、内部音／视频接口和节目时钟提取电路

24. 音频 D/A 转换器作用是(　　)。

A. 将由视频解码器输出的 PCM 音频数据转换成左右声道的模拟立体声信号

B. 将由视频解码器输出的 PCM 视频数据转换成左右声道的模拟立体声信号

C. 将由音频解码器输出的 PCM 音频数据转换成左右声道的模拟立体声信号

D. 将由音频解码器输出的 PCM 视频数据转换成左右声道的模拟立体声信号

25. 开关电源部分主要由(　　)、整流滤波电路、开关振荡电路、开关变压器、次级整流滤波和稳压电路等部分构成。

A. 交流输入电路　　　B. 正弦交流电路　　　C. 单相交流电路　　　D. 交流放大电路

26. (　　)的主要功能是将交流 220 V 电压经滤波后由桥式整流堆 C601、整流和滤波电容 D605 进行处理,桥式整流堆输出的约 300 V 直流电压送到开关变压器的④脚。

A. 高频振荡电路　　　B. 开关振荡电路　　　C. 整流滤波电路　　　D. 交流输入电路

27. 视频解码器收到 CCIR601 格式的视频数据流后按一定电视制式解码,经 D/A 变换变成模拟图像信号和(　　),供电视机接收。

A. 模拟音频信号　　　B. 模拟视频信号　　　C. 数字视频信号　　　D. 数字音频信号

28. 数字电视机顶盒的主要功能就是(　　),使用户不用更换模拟电视机就能收看数字电视节目。

A. 将接收的模拟信号转换为数字电视信号　　　B. 将接收的数字信号转换为模拟电视信号

C. 将接收的数字信号转换为电子电视信号　　　D. 将接收的电子信号转换为模拟电视信号

29. 解码器包括 I²C 总线接口、DMA 控制器、MPEG-2 音视频解码器接口、音频解码器、(　　)和音频 D/A 转换器等电路。

A. DVD 解码器　　　B. 终极解码器　　　C. 视频解码器　　　D. 视频编解码器

30. 机顶盒解码电路故障的检修操作步骤是(　　)。

A. 故障分析;对故障可能出现点进行电气检测;如果发现元件损坏,更换;开机试播

B. 对故障可能出现点进行电气检测;如果发现元件损坏,更换;开机试播

C. 故障分析;对故障可能出现点进行电气检测;开机试播

D. 故障分析;如果发现元件损坏,更换;开机试播

31. 机顶盒的系统控制电路由 CPU、(　　)和总线接口电路组成,完成系统控制和数据存储。

A. 只读存储器、数据存储器、指令译码器　　　B. 只读存储器、数据存储器、地址译码器

C. 程序存储器、数据存储器、指令译码器　　　D. 程序存储器、数据存储器、地址译码器

32. 数据流解码解复用电路完成 MPEG-2 数据流解码和分离,分解出(　　)及其他数字信号。

A. 视频、同步控制　　　B. 音频、同步控制　　　C. 视频、音频　　　D. 视频、音频、同步控制

33. 接收和处理数字卫星电视信号最主要的设备是电视接收机顶盒,因为它的功能是通过解码器处理数字信号,所以又称为(　　)。

A. 万能解码器　　　B. 视频解码器　　　C. 终极解码器　　　D. 接收解码器

34. 开关式稳压电源的功能是将交流 220 V 电压变成直流 300 V 电压,并(　　)。

A. 滤除市电杂波干扰　　　　　　　B. 滤除电源中的高频噪声

C. 滤除来自其他设备的噪音　　　　　D. 滤除来自市电的噪声和干扰

35. 开关振荡电路是由（　　　）、正反馈电路和开关变压器组成的。
    A. 双极性晶体管　　　B. 场效应晶体管　　　C. 开关晶体管　　　D. 晶体管测试仪

36. 机顶盒集成电路组成的开关电源具有保护功能：电源一旦出现过压、过载或过热等故障，该集成电路立即进入（　　　）模式，功率开关管交替关断或开通，直到故障消除。
    A. 自动重启　　　B. 自动关闭　　　C. 自动追踪　　　D. 自动运行

37. 数字机顶盒电源电路的故障主要表现为（　　　）。
    A. 开机无反应，全部不动作；开机有指示，但无图像，无伴音
    B. 开机无反应，全部不动作；开机有指示，但无图像，无伴音；开机有指示，有字符显示，但无图像，无伴音
    C. 开机无反应，全部不动作；开机有指示，有字符显示，但无图像，无伴音
    D. 开机有指示，但无图像，无伴音；开机有指示，有字符显示，但无图像，无伴音

38. 检测桥式整流堆 300 V 输出电压的步骤是：（　　　），用黑表笔接热地，红表笔接桥式整流电路的输出端，其值约为 300 V，准确值应为交流输入电压的 $\sqrt{2}$ 倍。
    A. 将万用表置于直流电流挡　　　　　　　B. 将万用表置于直流电压挡
    C. 将万用表置于交流电压挡　　　　　　　D. 将万用表置于交流电流挡

39. 机顶盒调谐器由前置放大器来接收来自卫星、（　　　）和地面无线传输的电视信号。
    A. 有线　　　B. 电脑　　　C. GPS　　　D. 手机

40. 一体化调谐解调器的作用是将传输过来的调制数字信号解调还原成（　　　）。
    A. 传输流　　　B. 传输信号　　　C. 模拟信号　　　D. 数字信号

41. 视频解码器可将 8 位或 16 位 YCrCb 视频流编码产生复合视频、S 视频或 RGB 视频信号，支持（　　　）制式。
    A. PAL、NTSC　　　　　　　　　　　　B. PAL、SECAM
    C. NTSC、SECAM　　　　　　　　　　　D. PAL、NTSC 和 SECAM

42. 变换器的组成包括串行输入音频数据接口、具有功能控制的 8 倍过采样数字滤波器、多电平调制器、D/A 变换器、（　　　）、模式控制单元、可编程锁相环 PLL 系统等。
    A. 数字低通滤波器　　　B. 数字高通滤波器　　　C. 模拟高通滤波器　　　D. 模拟低通滤波器

43. 视频解码器由解码器、数据控制单元、RGB 处理器、D/A 转化器和（　　　）部分组成。
    A. 输出接口　　　B. 存储器　　　C. 地址控制单元　　　D. 触发器

44. 进入主菜单后，按遥控器上的【CH+】键和【CH−】键选择"节目管理"，并按【V+】键或【V−】键进入节目管理菜单，在这里可以选择电视节目管理、广播节目管理、视讯节目管理和（　　　）节目管理 4 个节目管理项目选项。
    A. 电脑　　　B. 预定　　　C. 音频　　　D. 视频

45. 机顶盒软件在线升级功能。数据广播服务器按 DVB 数据广播标准将升级软件广播下来，数字机顶盒能够识别（　　　），在版本号不同时就会接收该版本号的软件，并对保存在机顶盒存储器中的旧软件进行更改。
    A. 该数字电视软件的版本号　　　　　　　B. 该机顶盒软件的序列号
    C. 该机顶盒软件的版本号　　　　　　　　D. 该数字电视软件的序列号

46. 参数配置的具体方法是进入主菜单之后，选择"（　　　）"，按【确认】键后进入系统设置菜单。选择参数配置，可以选择屏幕格式、菜单语言和菜单背景透明度等。

A. 菜单管理　　　　　B. 参数设置　　　　C. 节目信息　　　　D. 系统设置

47. 系统设置菜单包括 CA 信息、频道搜索、参数设置和（　　）。

A. 电源管理　　　　　B. 系统管理　　　　C. 系统电源　　　　D. 频道记忆

48. 智能卡有一个内置的处理器和一个（　　）。

A. 内置的过滤器　　　　　　　　　　B. 外置的过滤器

C. 与数字机顶盒通信的接口　　　　　D. 对数字机顶盒进行调试的旋钮

49. 数字电视的 MPEG-2 传输流是经过加密的,加密方法是使正常传输流与一个伪随机序列进行（　　）。

A. 位运算　　　　　B. 与或运算　　　　C. 异或运算　　　　D. 逻辑与运算

50. 智能卡具有高度的（　　）,确保未经授权的用户不能接收有线数字电视服务。

A. 安全性　　　　　B. 权威性　　　　C. 高性能　　　　D. 迅速性

51. 电源电路主要由交流输入电路、整流滤波电路、开关振荡电路和（　　）等部分构成。

A. 图像输出　　　　　　　　　　B. 图像压缩

C. 次级输出电路和稳压控制　　　D. 电池

52. 电源电路除了主要为整机提供工作电压还可以（　　）。

A. 图像解码　　　　　　　　　　B. 阻止高频辐射传输出去

C. 滤除由电网进来的各种干扰信号　D. 为整机提供工作电流

53. 主电路板是数字有线电视接收机顶盒的核心部件,（　　）、一体化调谐器、A/V 解码芯片、IC 卡座以及视频输出接口等核心器件都集成在主电路板上。

A. 视频输出　　　　B. 音频输出　　　　C. 数据存储器　　　　D. 回传通道

54. 有线电视系统的前端部分位于有线电视中心,它是节目源的（　　）部分。

A. 产生和处理　　　B. 产生和发展　　　C. 产生和传输　　　D. 传输和处理

55. 常见数字机顶盒的故障主要有:（　　）。

A. 开关稳压电源板故障,主板硬件故障,主板软件故障和音、视频输出电路故障

B. 开关稳压电源板故障,主板硬件故障,音频输出电路故障,视频输出电路故障

C. 开关稳压电源板故障,主板硬件故障,主板软件故障和音、视频输出电路故障

D. 开关稳压电源板故障,音频输出电路故障,主板软件故障和音、视频输出电路故障

56. 数字卫星接收机顶盒的信号处理电路主要由天线和变频器部分、调谐器、卫星信号解调器、MPEG-2 A/V 解码器及（　　）、视频 D/A 变换器、音频 D/A 变换器、射频调制器等部分构成。

A. 视频解码器　　　B. 视频编码器　　　C. 调制解调器　　　D. 音频编码器

57. 开关振荡电路的功能是将 300 V 直流电压变成（　　）。

A. 高频信号　　　　　　　　　　B. 高频电磁脉冲信号

C. 高频脉冲电源　　　　　　　　D. 高频脉冲信号

58. 交流 220 V 输入电压的检测方法是:① 接上电源,按下电源启动开关,在电源电路板的输入端应有交流 220 V 电压;② 检测时,首先（　　）;③ 将万用表的红、黑表笔与交流输入插件的检测部位连接,观察万用表指针的指示情况。

A. 将万用表置于交流电压 250 V 的挡位,表笔分正负极性

B. 将万用表置于交流电压 220 V 的挡位,表笔不分正负极性

C. 将万用表置于交流电压 250 V 的挡位,表笔不分正负极性

D. 将万用表置于交流电压 220 V 的挡位,表笔分正负极性

二、多项选择题(请将正确选项的代号填入题内的括号中)

1. 数字有线电视机顶盒的基本功能是接收有线电视系统传输的数字电视广播信号,通过
( ),可供用户在模拟电视机上观看数字电视节目和浏览各种数据信息。
A. 解调　　　　　　　 B. 解复用　　　　　　 C. 音频编码　　　　 D. 解码
E. 视频编码

2. 电源电路主要由( )等部分构成。
A. 交流输入电路　　　　　　　　　　　 B. 整流滤波电路
C. 次级输出电路和稳压控制　　　　　　 D. 开关振荡电路
E. 功放电路

3. 有线电视系统由前端、( )三大部分组成。
A. 干线传输　　　　　 B. 自动播出系统　　　 C. 接收系统　　　　 D. 用户分配
E. 次级输出电路和稳压控制

4. 电视信号数字化后,前端部分还包括( )。
A. 信号源编码　　　　 B. 数字调制系统　　　 C. 解调器　　　　　 D. 信号源参数
E. 功放电路

5. 干线传输部分是一个传输网,主要是把前端( )后的电视信号传到用户分配部分的一系
列传输设备。
A. 接收　　　　　　　 B. 处理　　　　　　　 C. 混合　　　　　　 D. 分离
E. 加法

6. 用户分配部分应用的设备主要有( )。
A. 分支器　　　　　　　　　　　　　　　 B. 分配放大器 / 同轴电缆
C. 用户终端　　　　　　　　　　　　　　 D. 运算放大器 / 同轴电缆
E. 加法器

7. 有线电视传输系统的信号编码处理过程包括( )两大部分。
A. 信源符号　　　　　 B. 信源编码　　　　　 C. 信道符号　　　　 D. 信道编码
E. 加法器

8. 传输系统是有线电视系统的重要子系统,它位于( )之间。
A. 前端部分　　　　　 B. 用户分配部分　　　 C. 用户终端部分　　 D. 干线传输部分
E. 调试部分

9. 有线电视中心对各种电视节目进行整合并统一规划、频段和频道的安排、( )。
A. 模拟编码　　　　　 B. 模拟调试　　　　　 C. 数字调制　　　　 D. 数字编码
E. 调试部分

10. 通常( )分别表现为有图像无伴音等及伴音正常但无图像等。
A. 音频输出电路故障　　　　　　　　　　 B. 主板软件故障
C. 视频输出电路故障　　　　　　　　　　 D. 开关电源电路板故障
E. 调试部分

11. 主板硬件出现故障时主要是通过对( )的检索来寻找故障线索。
A. 数据信号　　　　　 B. 地址信号　　　　　 C. 同步信号　　　　 D. 时钟信号

E. 控制信号

12. 机顶盒的系统控制电路由(　　　)组成,完成系统控制和数据存储。

　　A. CPU　　　　　　　　B. 程序存储器　　　　　C. 地址译码器　　　　　D. 数据存储器

　　E. 总线接口电路

13. (　　　)几部分都集成在一起。开机后,交流 220 V 电压经整流滤波输出的 300 V 直流电压到达开关变压器降压,形成脉动电压,还要进行整流和滤波。经过上面一系列工序后,输出的电流,成为设备所需要的较为纯净的低压直流电。

　　A. 开关振荡电路　　　　B. 稳压控制电路　　　　C. 开关场效应晶体管 D. 整流滤波电路

　　E. 总线接口电路

14. 视频解码器收到 CCIR601 格式的视频数据流后按一定电视制式解码,经(　　　),供电视机接收。

　　A. D/A 变换变成数字图像信号　　　　　　　B. D/A 变换变成模拟图像信号

　　C. D/A 变换变成模拟音频信号　　　　　　　D. D/A 变换变成数字音频信号

　　E. D/A 变换变成模拟视频信号

15. 视频解码器由(　　　)几部分组成。

　　A. 数据控制单元　　　　　　　　　　　　　B. 解码器

　　C. RGB 处理器和 D/A 转化器　　　　　　　D. 输出接口

　　E. 总线接口电路

16. 机顶盒解码电路故障的检修操作步骤有(　　　)。

　　A. 故障分析　　　　　　　　　　　　　　　B. 对故障可能出现点进行电气检测

　　C. 开机试播　　　　　　　　　　　　　　　D. 如果发现元件损坏,更换

　　E. 总线接口转换

17. 机顶盒的系统控制电路由(　　　)组成,完成系统控制和数据存储。

　　A. 数据存储器　　　　B. 程序存储器　　　　C. 地址译码器　　　　　D. CPU

　　E. 指令译码器

18. 操作显示面板的主要功能是(　　　)。

　　A. 为机顶盒输入人工操作指令　　　　　　　B. 显示机顶盒的工作状态

　　C. 接收遥控器的指令　　　　　　　　　　　D. 转换遥控器的指令

　　E. 为机顶盒输出人工操作指令

19. 数字卫星接收机顶盒的信号处理电路主要由(　　　)等部分构成。

　　A. 天线、变频器部分

　　B. 调谐器、卫星信号解调器

　　C. 音频 D/A 变换器

　　D. MPEG-2 A/V 解码器及视频编码器、视频 D/A 变换器

　　E. 射频调制器

20. 开关振荡电路是由(　　　)几部分组成的。

　　A. 开关晶体管　　　　B. 正反馈电路　　　　C. 双极性晶体管　　　　D. 开关变压器

　　E. 发光二极管

21. 机顶盒集成电路组成的开关电源具有保护功能,电源一旦出现过压、过载、过热等故障,该器件立即进入自动重启动模式,功率开关管交替(　　　),直到故障消除。

A. 关断   B. 开通   C. 断路   D. 开机

E. 未接通

22. 检测桥式整流堆 300 V 输出电压的步骤是：（   ）。

    A. 将万用表旋钮置于直流电压挡

    B. 将万用表旋钮置于交流电压挡

    C. 用黑表笔接热地，红表笔接桥式整流电路的输出端，其值约为 300 V，准确值应为交流输入电压的 $\sqrt{2}$ 倍

    D. 用红表笔接热地，黑表笔接桥式整流电路的输出端，其值约为 300 V，准确值应为交流输入电压的 $2\sqrt{2}$ 倍

    E. 将万用表置于电阻挡

23. 解码器包括 I²C 总线接口，音频解码器，（   ）和音频 D/A 转换器等电路。

    A. DVD 解码器   B. 终极解码器   C. 视频解码器   D. DMA 控制器

    E. MPEG-2 音视频解码器接口

24. 机顶盒调谐器由（   ）、AGC 电路和移相器组成。

    A. 前置放大器   B. 变频器   C. 锁相环电路   D. 带通滤波器

    E. 中频放大器

25. 数字机顶盒主要由（   ）等构成。

    A. 操作显示面板   B. 主芯片   C. 电源电路板   D. 主电路板

    E. 功率放大电路

26. 解复用器由 PID 处理器及（   ）等组成。

    A. 信道接口信道 FIFO   B. PID 后处理器

    C. 节目时钟提取电路   D. 内部音/视频接口

    E. IC 后处理电路

27. 视频解码器可将 8 位或 16 位 YCrCb 视频流编码产生复合视频、S 视频或 RGB 视频信号，支持（   ）制式。

    A. PAL   B. NTSC   C. 无法确定   D. SECAM

    E. 任何制式都不支持

28. 变换器的组成包括串行输入音频数据接口，具有功能控制的 8 倍过采样数字滤波器、（   ）、可编程锁相环（PLL）系统等。

    A. 数字低通滤波器   B. D/A 变换器   C. 模式控制单元   D. 模拟低通滤波器

    E. 数字高通滤波器

29. 进入主菜单后，按遥控器上的【CH+】键和【CH−】键选择"节目管理"，并按【V+】键或【V−】键进入节目管理菜单，在这里可以选择（   ）4 个节目管理项目选项

    A. 电视节目管理   B. 广播节目管理   C. 预定节目管理   D. 视讯节目管理

    E. 电源项目管理

30. 系统设置菜单包括：（   ）。

    A. 频道搜索   B. 参数设置   C. CA 信息   D. 系统管理

    E. 电源管理

31. 有线数字机顶盒中的一体化调谐解调器与卫星数字机顶盒中的一体化调谐解调器的不同

之处有(　　　)。

A. 有线数字机顶盒的调谐器接收信号的频率较低(48～860 MHz)

B. 有线数字机顶盒的调谐器接收信号的频带较窄(812 MHz)，中频频率为 479.5 MHz

C. 前者采用 QAM 解调；后者采用 QPSK 解调器

D. 有线数字机顶盒调谐解调器设有射频输入、输出端

E. 卫星数字机顶盒中的一体化调谐器设有两个卫星信号接收端

32. 智能卡有(　　　)各一个。

A. 内置的过滤器　　　　　　　　B. 内置的处理器

C. 与数字机顶盒通信的接口　　　D. 对数字机顶盒进行调试的旋钮

E. 外置的处理器

33. 上、下信道频谱有 4 个频段，分别是(　　　)。

A. 下行信道　　　　　　　　　　B. 传送模拟电视信道

C. 传输数字电视信道　　　　　　D. 上行信道

E. 混频混响

34. 嵌入式微处理器内部包括(　　　)。

A. 通用寄存器　　　B. 系统控制处理器　　C. 算术逻辑单元　　　D. 移位寄存器

E. 功率放大电路

三、判断题(对的画"√"，错的画"×")

(　　) 1. 干线传输部分是一个传输网，主要是把前端接收、处理、混合后的电视信号传到用户分配部分的一系列传输设备。

(　　) 2. 有线电视系统中有线电视中心对接收到的电视信号进行编码、调制、合成等处理，最后由混合器输出到传输系统，在传输系统中再经放大分支等处理后送入用户终端。

(　　) 3. 机顶盒的系统控制电路由 CPU、程序存储器、数据存储器、地址译码器和总线接口电路组成，完成系统控制和数据存储。

(　　) 4. 解码器包括 I²C 总线接口、DMA 控制器、MPEG-2 音视频解码器接口、音频解码器、视频解码器和音频 D/A 转换器等电路。

(　　) 5. 交流输入电路是由保险丝、300 V 滤波器、桥式整流二极管电路等部分构成的，其功能是将交流 220 V 电压变成直流 300 V 电压，并滤除来自市电的噪声和干扰。

(　　) 6. 机顶盒集成电路组成的开关电源具有保护功能，电源一旦出现过压、过载、过热等故障，该器件立即进入自动关闭模式，直到故障消除。

(　　) 7. 解复用器由信道接口、信道 FIFO、PID 处理器、内部音/视频接口和节目时钟提取电路等组成。

(　　) 8. 视频解码器可将 8 位或 16 位 YCrCb 视频流编码产生复合视频、S 视频或 RGB 视频信号，支持 PAL、NTSC 和 SECAM 制式。

(　　) 9. 音频 D/A 转换器的作用是将由音频解码器输出的 PCM 音频数据转换成左右声道的模拟立体声信号。

(　　) 10. CPU 总线接口用于 CPU 与其外围单元交换数据，它通过内部总线分别与系统控制处理器、存储器管理单元和总线接口单元实现紧耦合连接，从而增强了 CPU 的

通用计算功能。

（　　）11. 10Base-T 以太网接口芯片内包含了一个 10Base-T 以太网控制器，为系统提供了一个以太网接口，使系统能以高速方式与 PC 进行通信。

（　　）12. 进入主菜单后，按遥控器上的【CH+】键和【CH－】键选择"节目管理"，并按【V+】键或【V－】键进入节目管理菜单，在这里可以选择电视节目管理，广播节目管理，视讯节目管理和预定节目管理 4 个节目管理项目选项。

（　　）13. 系统设置菜单包括频道搜索、参数设置、系统管理和 CA 信息。

（　　）14. 每个有线数字电视用户都配有一张数字电视卡（又称智能卡），这个卡有一个内置的处理器和一个对数字机顶盒进行调试的旋钮。

（　　）15. 付费用户的智能卡内部有一个分配密钥 Kd。CPU 读出分配密钥 Kd，从 EMM 中解出授权密钥 Kw，再从 ECM 中解出控制字 Ks，并对加扰的音视频 MPEG-2 传输流进行解扰，得到付费电视节目信号。由于是三重加密，非授权用户是不可能看到付费节目的。

（　　）16. 有线电视系统是由前端、自动播出系统和用户分配三大部分组成。

（　　）17. 前端部分应用的设备主要有高频放大器、解调器、调制器、混合器等。

（　　）18. 电视信号数字化后，前端部分还包括信号源参数和数字调制系统。

（　　）19. 干线放大器用来补偿干线上的传输损耗，把输入的数字电视信号调整到合适的大小输出。

（　　）20. 用户分配部分是有线电视系统的最后部分，直接将来自干线传输系统的信号分配、传送到各用户的电视机中。

（　　）21. 用户分配部分应用的设备主要有分支器、分配放大器/同轴电缆、用户终端等。

（　　）22. 上、下信道频谱有 4 个频段：下行信道，传送模拟电视信号，传输数字电视信道和上行信道。

（　　）23. 有线电视传输系统的信号编码处理过程包括信源符号和信道编码两大部分。

（　　）24. 传输系统是有线电视系统的重要子系统，它位于干线传输和用户分配部分之间。

（　　）25. 传输系统作用是将前端部分输出的各种信号不失真地、稳定地传输给用户分配部分。

（　　）26. 有线电视中心对各种电视节目进行整合并统一规划，进行频段和频道的安排，其中一部分电视节目进行模拟调试，另一部则进行模拟编码和数字调制。

（　　）27. 常见数字机顶盒的故障主要有开关稳压电源板故障，主板硬件故障，主板软件故障和音、视频输出电路故障。

（　　）28. 音频输出电路故障多表现为有图像无伴音等。

（　　）29. 机顶盒开机后电源指示灯不亮，面板无任何显示为主板硬件故障。

（　　）30. 机顶盒重启后故障消失，为主板软件故障。

（　　）31. 短路是定位维修过程的第一步，也是最基本、最直接、最重要的一种方法。

（　　）32. 机顶盒开机后电源指示灯不亮，面板无任何显示为开关稳压电源板故障。出现此故障现象后应先检查保险管是否烧断，如保险管已烧断，说明电路中有断路的故障。

（　　）33. 机顶盒操作显示面板通常由键盘矩阵及扫描电路、显示电路、红外遥控接收器等组成。用户通过操作面板按键或遥控器为存储器输入人工指令，完成设置功能。

（　）34. 开关电源部分主要由交流输入电路、整流滤波电路、开关振荡电路、开关变压器、次级整流滤波和稳压电路等部分构成。

（　）35. 根据传输媒介的不同,数字电视机顶盒可分为数字卫星机顶盒(DVB-S)、地面数字电视机顶盒(DVB-T)和有线电视数字机顶盒(DVB-C)。

（　）36. 视频解码器将 MPEG-2 解码器输出的视频数据流按一定电视制式解码,经 D/A 变换变成模拟图像信号和模拟音频信号,供电视机接收。

（　）37. 数字电视机顶盒的主要功能就是将接收的数字信号转换为数字电视信号。

（　）38. 机顶盒解码电路故障的检修操作步骤是:故障分析;如果发现元件损坏,更换;对故障可能出现点进行电气检测;开机试播。

（　）39. 开机后指示灯和数码显示管不亮、无图无声表明机顶盒的供电电路或电路板有故障,应先检查电源与主电路板的连接接口以及主电路板与操作显示板的接口电路,寻找故障线索。

（　）40. 接收和处理数字卫星电视信号最主要的设备是电视接收机顶盒,因为它的功能是通过解码器处理数字信号,所以又称为接收解码器。

（　）41. 机顶盒数据流解码解复用电路完成 MPEG-2 数据流解码和分离,分解出视频、音频、同步控制及其他数字信号。MPEG-2 A/V 解码器完成视音频信号的解压缩、解码,还原出完整的图像及伴音数字信号。

（　）42. 开关振荡电路功能是将 300 V 直流电压变成高频脉冲信号(其频率 1～50 kHz)。

（　）43. 机顶盒集成电路组成的开关电源具有保护功能:电源一旦出现过压、过载、过热等故障,该器件立即进入自动重启动模式,功率开关管交替关断和开通,直到故障消除。

参考答案

一、单项选择题

1. C	2. A	3. A	4. B	5. D	6. C	7. C	8. D	9. B	10. D
11. D	12. C	13. B	14. B	15. A	16. C	17. D	18. C	19. A	20. B
21. B	22. A	23. D	24. C	25. A	26. D	27. A	28. B	29. C	30. A
31. D	32. D	33. D	34. D	35. C	36. A	37. B	38. B	39. C	40. A
41. D	42. D	43. C	44. D	45. A	46. D	47. B	48. C	49. C	50. A
51. C	52. D	53. C	54. A	55. C	56. B	57. D	58. C		

二、多项选择题

1. ABCDE	2. ABCD	3. AD	4. AB	5. ABC
6. ABC	7. BD	8. AB	9. BCD	10. AC
11. ABCDE	12. ABCDE	13. ABD	14. BC	15. ABCD
16. ABCD	17. ABCD	18. ABC	19. ABCDE	20. ABD
21. AB	22. AC	23. CDE	24. ABCDE	25. ACD
26. ABCD	27. ABD	28. BCD	29. ABCD	30. ABCD
31. ABCDE	32. BC	33. ABCD	34. ACD	

三、判断题

1. √	2. √	3. √	4. √	5. √	6. ×	7. ×	8. √	9. √	10. √
11. √	12. √	13. √	14. ×	15. √	16. ×	17. √	18. ×	19. ×	20. √
21. √	22. √	23. ×	24. ×	25. √	26. ×	27. √	28. √	29. ×	30. √
31. ×	32. ×	33. √	34. √	35. √	36. √	37. ×	38. ×	39. √	40. √
41. √	42. √	43. √							

第六单元　培训指导

学习目标

（1）会编写初级及中级培训讲义。
（2）讲授初级、中级家用电子产品维修工维修理论知识。

考核要点

考核类别	考核范围	考　核　点	重要程度
培训指导	理论培训	编写初级培训讲义	★★
		讲授家用电子产品维修的基础理论知识	★★★
		职业教育的基础知识	★★★
		理论知识讲授的基本方法	★★★
		中级培训讲义的编写方法	★★
		维修技能的讲授方法	★★★
	操作指导	传授初级家用电子产品维修工的维修技能	★★★
		传授中级家用电子产品维修工的维修技能	★★★
		操作技能指导的目的	★★
		技能操作传授的基本知识	★★★

考点导航

一、编写培训讲义

1. 职业教育的基础知识
（1）职业教育的作用。
职业教育是我国教育事业的一个极其重要的组成部分，对我国社会主义事业的建设和四个现代化这个宏伟目标的实现具有不可替代的重要作用。
① 职业教育是经济建设的战略重点。
② 职业教育促进年轻一代全面发展。
③ 职业教育促进教育与生产劳动相结合。

④ 职业教育促进生产力的发展。

⑤ 职业教育是通向就业的桥梁。

⑥ 职业教育有利于逐步消除劳动差别。

（2）家用电子产品维修工的职业定义和等级。

根据《家用电子产品维修工国家职业技能标准》，国家对于该职业的定义、等级和培训时间规定如下。

① 家用电子产品维修工的职业定义。

使用高、低频信号发生器，示波器，万用表等仪器仪表，对家用电视机、录像机、音响等视、音频家用电子产品进行检测、调试、维修的人员。

② 家用电子产品维修工的职业等级划分。

本职业共设五个等级，分别为初级（国家职业资格五级）、中级（国家职业资格四级）、高级（国家职业资格三级）、技师（国家职业资格二级）和高级技师（国家职业资格一级）。

③ 培训期限。

全日制职业学校教育，根据其培养目标和教学计划确定。晋级培训期限：初级不少于 300 标准学时；中级不少于 240 标准学时；高级不少于 200 标准学时；技师不少于 180 标准学时；高级技师不少于 120 标准学时。

2. 培训讲义的编写方法

熟悉并领会《家用电子产品维修工国家职业技能标准》中的关于职业教育的基本知识、电子产品维修工的基础知识、基本仪器仪表的使用、安全操作规程、基本技能要求。

了解并掌握电子产品维修的相关法律、法规知识，包括：①《中华人民共和国消费者权益保护法》的相关知识；②《中华人民共和国价格法》的相关知识；③《中华人民共和国劳动合同法》的相关知识等。

二、讲授基础知识

理论知识和维修技能的讲授要求和方法：① 依托教材；② 由浅入深；③ 通俗易懂；④ 图文并茂；⑤ 可以适当采用模拟教学法、项目教学法、案例教学法、兴趣小组教学法等教学方法；重点在于讲清楚仪器仪表使用、维修思路、维修方法规律、注意事项等。

◇ 仿真训练

一、单项选择题（请将正确选项的代号填入题内的括号中）

1. 编写初级培训讲义时要注意（　　　）。

    A. 越简单越好　　　　　　　　　　B. 理论知识和相关技能的比例要合理

    C. 知识性要全面　　　　　　　　　　D. 理论性要高

2. 编写初级培训讲义时要（　　　）。

    A. 越简单越好　　　　　　　　　　B. 理论与实践相结合

    C. 涵盖中级部分的要求　　　　　　　D. 涵盖高级部分的要求

3. 讲授家用电子产品维修的基础理论知识时，要注意（　　　）。

    A. 越简单越好　　　　　　　　　　B. 理论与实践相结合

    C. 涵盖中级部分的要求　　　　　　　D. 涵盖高级部分的要求

4. 讲授家用电子产品维修的基础理论知识时，要注意（　　）。
　　A. 越简单越好　　　　　　　　　　B. 不讲实践技巧
　　C. 知识性要全面，包含中高级部分知识　　D. 理论结合实践

5. 关于职业教育的基础知识，以下说法不正确的是（　　）。
　　A. 职业道德是从事一定职业的人们在其职业活动中所应遵循的、具有本职业特征的道德准则和规范的总和
　　B. "爱岗敬业、诚实守信、办事公道、服务群众、奉献社会"是全社会所有行业都应当遵守的公共性的职业道德准则
　　C. 职业道德修养是一个长期的艰巨的自我教育、自我磨炼、自我改造和自我完善的过程
　　D. 职业道德是从业者在为他人提供产品、服务或其他形式的社会劳动之前发生的，是对从业者在赋予一定职能并许诺高额报酬的同时所提出的责任要求

6. 关于职业教育的基础知识，以下说法不正确的是（　　）。
　　A. 职业道德是从事一定职业的人们在其职业活动中所应遵循的、具有本职业特征的道德准则和规范的总和。
　　B. "爱岗敬业、诚实守信、办事公道、服务群众、奉献青春"是全社会所有行业都应当遵守的一般性的职业道德准则。
　　C. 职业道德修养是一个长期的艰巨的自我教育、自我磨炼、自我改造和自我完善的过程。
　　D. 职业道德是从业者在为他人提供产品、服务或其他形式的社会劳动时才发生的，是对从业者在赋予一定职能并许诺一定报酬的同时所提出的责任要求。

7. 讲授家用电子产品维修的基础理论知识时，不要使用（　　）法。
　　A. 讲解　　　　　　B. 讲述　　　　　　C. 宣讲　　　　　　D. 讲读

8. 讲授家用电子产品维修的基础理论知识时，（　　）。
　　A. 不要联系具体电路　B. 要联系实际电路　C. 只是纯实践性讲述　D. 只是纯理论讲解

9. 编写中级培训讲义时要注意（　　）。
　　A. 越简单越好　　　　　　　　　　B. 理论知识和相关技能的比例要合理
　　C. 知识性要全面　　　　　　　　　D. 理论性要高

10. 编写中级培训讲义时要（　　）。
　　A. 越简单越好　　　　　　　　　　B. 理论与实践相结合
　　C. 涵盖技师部分的要求　　　　　　D. 涵盖高级部分的要求

11. 讲授家用电子产品的维修技能时，（　　）。
　　A. 不要联系具体电路　　　　　　　B. 要理论联系实际
　　C. 只是纯实践性讲述　　　　　　　D. 只是纯理论讲解

12. 传授初级家用电子产品维修工的维修技能时，注意重点讲解（　　）。
　　A. 基本电子元器件性能　　　　　　B. 中规模集成电路电气特性
　　C. 超大规模集成电路设计方法　　　D. 大规模集成电路设计方法

13. 传授初级家用电子产品维修工的维修技能时，注意重点讲解（　　）的使用方法。
　　A. 基本电子维修工具　　　　　　　B. 电视机
　　C. 录音机　　　　　　　　　　　　D. 机顶盒

14. 传授中级家用电子产品维修工的维修技能时，下列工具不常用的是（　　）。
　　A. 示波器　　　　　　B. 万用表　　　　　　C. 滤波器　　　　　　D. 电烙铁

15. 传授中级家用电子产品维修工的维修技能时,要使用(　　)方法。

    A. 满堂灌　　　　　　B. 填鸭式　　　　　C. 注入式教学　　　　D. 理论结合实践

16. 关于操作技能指导的目的,下列说法不正确的是(　　)。

    A. 促进学生掌握操作方法和工艺　　　　B. 使学生熟悉安全和技术规程

    C. 提高技能训练质量　　　　　　　　　D. 促进学生口才的进步和发展

17. 关于操作技能指导,下列说法不正确的是(　　)。

    A. 教师要加强对教材和大纲的研究

    B. 教师要开展对教学训练方法的研究

    C. 教师不必帮助学生做技能训练前的准备

    D. 工作考虑到专业技能训练与学生目标技术等级的结合

18. 传授家用电子产品维修工的维修技能时,没有涉及(　　)的基础知识。

    A. 数字化电视机　　　B. 录放机　　　　　C. 传真机　　　　　　D. 彩色电视机

19. 传授家用电子产品维修工的维修技能时,下列工具不常用的是(　　)。

    A. 示波器　　　　　　B. 万用表　　　　　C. 滤波器　　　　　　D. 电烙铁

二、多项选择题(请将正确选项的代号填入题内的括号中)

1. 讲授家用电子产品维修的基础理论知识时,下列说法不正确的是(　　)。

    A. 不要联系具体电路　　　　　　B. 要联系实际电路

    C. 只是纯理论讲解　　　　　　　D. 只是纯实践性讲述

    E. 要理论与实践相结合

2. 编写中级培训讲义时遵循的原则不正确的是(　　)。

    A.《家用电子产品维修工职业技能标准》　B. 越简单越好原则

    C. 理论性原则　　　　　　　　　　　　　D. 知识性原则

    E. 越高深越好

3. 讲授家用电子产品的维修技能时,可以使用(　　)法。

    A. 实例演示　　　　　B. 电路模拟　　　　C. 理论结合实际　　　D. 宣讲

    E. 全部自学

4. 传授初级家用电子产品维修工的维修技能时,可以使用(　　)法。

    A. 实例演示　　　　　B. 电路模拟　　　　C. 理论结合实际　　　D. 宣讲

    E. 完全自学

5. 传授中级家用电子产品维修工的维修技能时,可以使用(　　)法。

    A. 实例演示　　　　　B. 电路模拟　　　　C. 理论结合实际　　　D. 宣讲

    E. 完全软件模拟

6. 关于操作技能指导的目的,下列说法正确的是(　　)。

    A. 提高运用电子专业理论知识进行操作的能力

    B. 加强对将理论知识运用于实践的能力的培养

    C. 切实提高实践操作能力

    D. 显示掌握技能的高低

    E. 可以让学生互相指导

7. 传授家用电子产品维修工的维修技能时,不能使用(　　)法。

A. 实例演示　　　　　B. 电路模拟　　　　C. 理论结合实际　　　D. 宣讲
E. 完全软件模拟

三、判断题(对的画"√",错的画"×")

(　　) 1. 讲授家用电子产品维修的基础理论知识时,要联系实际电路。

(　　) 2. 讲授家用电子产品维修的基础理论知识时,可以使用课堂讲授法。

(　　) 3. 编写中级培训讲义时要遵循《家用电子产品维修工职业技能标准》。

(　　) 4. 操作技能的指导要以学生为本,考虑到专业技能训练与学生目标技术等级的结合。

(　　) 5. 讲授家用电子产品维修技能时,不要讲理论知识。

(　　) 6. 讲授家用电子产品维修技能时,要注意理论联系实际。

(　　) 7. 传授初级家用电子产品维修工的维修技能时,不必讲理论知识。

(　　) 8. 传授初级家用电子产品维修工的维修技能时,要注意理论联系实际。

(　　) 9. 传授中级家用电子产品维修工的维修技能时,要注意理论联系实际。

(　　) 10. 操作技能的指导,要以学生为本,注重理论与实践结合。

参考答案

一、单项选择题

1. B　　2. B　　3. B　　4. D　　5. D　　6. B　　7. C　　8. B　　9. B　　10. B
11. B　　12. A　　13. A　　14. C　　15. D　　16. D　　17. C　　18. C　　19. C

二、多项选择题

1. ACD　　2. BE　　3. ABC　　4. ABC　　5. ABC
6. ABC　　7. DE

三、判断题

1. √　　2. √　　3. √　　4. √　　5. ×　　6. √　　7. ×　　8. √　　9. √　　10. √

第四章　模拟试卷

职业技能鉴定国家题库
家用电子产品维修工(高级)理论知识试卷

注意事项

1. 本试卷依据 2009 年颁布的《家用电子产品维修工国家职业技能标准》命制，考试时间：120 min。
2. 请在试卷标封处填写姓名、准考证号和所在单位的名称。
3. 请仔细阅读答题要求，在规定位置填写答案。

	一	二	总　分
得　分			

得　分	
评分人	

一、单项选择题(第 1～160 题，每题 0.5 分，共 80 分)

1. 职业道德的特点之一职业性是指职业道德适用的范围只限于参加职业活动的人员，是对(　　)的道德提出的要求。
   A. 被服务的人员　　　　　　　B. 全体社会人员
   C. 从事职业活动的人员　　　　D. 从事职业活动的管理人员

2. 下列说法中正确的是(　　)。
   A. 职业道德素质差的人，也可能具有较高的职业技能，因此职业技能与职业道德没有什么关系
   B. 相对于职业技能，职业道德居次要地位
   C. 一个人事业要获得成功，关键是职业技能
   D. 职业道德对职业技能的提高具有促进作用

3. 在社会主义社会，各项工作的共同目的都是(　　)。
   A. 为人民服务　　B. 为取得报酬　　C. 为建设社会主义　　D. 为了集体利益

4. 下列关于职业道德修养的说法，正确的是(　　)。
   A. 职业道德修养是国家和社会的强制规定，个人必须服从
   B. 职业道德修养是从业人员获得成功的唯一途径
   C. 职业道德修养是从业人员的立身之本，成功之源

D. 职业道德修养对一个从业人员的职业生涯影响不大

5. 关于职业道德修养,正确的说法是(　　　)。

　A. 养成良好的行为习惯,是职业道德修养的基础

　B. 个人的行为习惯与职业道德修养没有关系

　C. 只要养成良好的行为习惯,就具有良好的职业道德

　D. 以上说法都不正确

6. 职业守则是从业者在进行本职业活动时必须遵守的(　　　)。

　A. 法律法规　　　　B. 规章制度　　　　C. 企业的规章制度　　D. 行为准则

7. 家用电子产品维修行业职业守则的内容是:(1)遵守法律、法规和有关规定;(2)爱岗敬业,忠于职守,自觉认真履行各项职责;(3)工作认真负责,严于律己,吃苦耐劳;(4)刻苦学习,钻研业务,努力提高思想和科学文化素质;(5)(　　　)。

　A. 戒骄戒躁,努力拼搏　　　　　　　　B. 团结合作,努力拼搏

　C. 谦虚谨慎,助人为乐　　　　　　　　D. 谦虚谨慎,团结协作

8. 职业纪律的特点是具有明确的规定性和(　　　)。

　A. 一定的强制性　　B. 社会舆论性　　　C. 传统习俗特点　　D. 一定的内心信念

9. 以下关于"爱岗"与"敬业"之间关系的说法中,正确的是(　　　)。

　A. 虽然"爱岗"与"敬业"并非截然对立,却是难以融合的

　B. "敬业"存在心中,不必体现在"爱岗"上

　C. "爱岗"与"敬业"在职场生活中是辩证统一的

　D. "爱岗"不一定要"敬业",因为"敬业"是精神需求

10. 如图 1-4-1 所示电路中,已知 $U_1 = 9$ V,$I = -1$ A,$R = 3\ \Omega$。则元件 2 两端的电压 U_2 为(　　　)。

　A. -12 V　　　　　B. -6 V　　　　　C. 6 V　　　　　D. 12 V

11. 电路如图 1-4-2 所示,则 a、b 两点间的电压 U_{ab} 为(　　　)。

　A. 3.9 V　　　　　B. -3.9 V　　　　C. 4.1 V　　　　D. 0 V

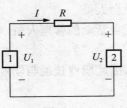

图 1-4-1

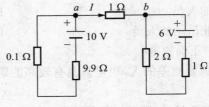

图 1-4-2

12. 电阻器标示 $6\Omega8$ 的含义是(　　　)。

　A. 文字符号法,表示阻值是 $6.8\ \Omega$　　　　B. 文字符号法,表示阻值是 $680\ \Omega$

　C. 直标法,表示阻值是 $680\ \Omega$　　　　　D. 直标法,表示阻值是 $6.8\ \Omega$

13. 已知有两个电感,$L_1 = 10$ mH,$L_2 = 30$ mH,其串联后等效电感为(　　　)。

　A. 40 mH　　　　　B. 20 mH　　　　　C. 7.5 mH　　　　D. 300 mH

14. 两只硅稳压二极管的稳压值分别为 $V_{z1} = 6$ V,$V_{z2} = 9$ V,把它们并联相接可能得到的稳压值有(　　　)。

　A. 1 种　　　　　B. 2 种　　　　　C. 3 种　　　　　D. 4 种

15. 晶体三极管工作在饱和区时,其电路偏置为(　　　)。

A. 两个 PN 结都处于正向偏置　　　　　　B. 两个 PN 结都处于反向偏置

C. 发射结正向偏置,集电结反向偏置　　　D. 发射结反正向偏置,集电结正反向偏置

16. 在如图 1-4-3 所示的电路中,$X_L = X_C = R$,并已知安培计 A 的读数为 3 A,则 A_1 的读数为(　　　)。

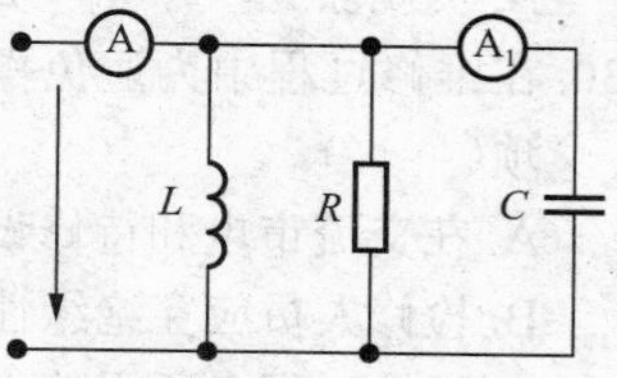

A. 3 A

B. $3\sqrt{2}$ A

C. −3 A

D. j3 A

图 1-4-3

17. 一个正弦波振荡器的开环电压放大倍数为 A,反馈系数为 F,能够稳定振荡的幅值条件是(　　　)。

A. $|A \cdot F| = 1$

B. $|A \cdot F| < 1$

C. $|A \cdot F| > 1$

D. $|A \cdot F| < 1$ 或 $|A \cdot F| > 1$

18. 一个匝数为 100、面积为 $10\ cm^2$ 的线圈垂直磁场放置,在 0.5 s 内穿过它的磁场从 1 T 增加到 9 T,则线圈中的感应电动势为(　　　)。

A. 1.8 V　　　　B. 1.6 V　　　　C. 0.2 V　　　　D. 1 600 V

19. 集成运放的输入级采用差动放大电路,原因是可以(　　　)。

A. 减小温漂　　　B. 增大放大倍数　　　C. 提高输入电阻　　　D. 提高带负载能力

20. 射极输出器的输入电阻高,因此常用作多级放大电路的(　　　)。

A. 输入级　　　　B. 中间级　　　　C. 输出级　　　　D. 以上都不正确

21. 在常用的三种耦合方式中,各级静态工作点独立,体积较小的是(　　　)。

A. 阻容耦合　　　B. 直接耦合　　　C. 变压器耦合　　　D. 以上三种都可以

22. 差动放大电路抑制零点漂移的能力,双端输出比单端输出(　　　)。

A. 强　　　　　　B. 弱　　　　　　C. 相同　　　　　D. 与放大倍数有关

23. 在放大电路中,为了稳定放大倍数,应引入(　　　)。

A. 直流负反馈　　B. 交流负反馈　　C. 直流正反馈　　D. 交流正反馈

24. 在单相桥式整流电路中,负载为电阻,则二极管承受的最大反向电压为(　　　)。

A. 小于 U_2　　B. 等于 $\sqrt{2}\ U_2$　　C. 大于 $\sqrt{2}\ U_2$　　D. 等于 $2\sqrt{2}\ U_2$

25. 若要组成输出电压可调、最大输出电流为 3 A 的直流稳压电源,则应采用(　　　)。

A. 电容滤波稳压管稳压电路　　　　　　B. 电感滤波稳压管稳压电路

C. 电容滤波串联型稳压电路　　　　　　D. 电感滤波串联型稳压电路

26. 模拟式万用表在使用欧姆挡之前,应当首先通过欧姆调零旋钮将表针调至欧姆挡刻度尺的零点,若调节有效但无法置零,说明(　　　)。

A. 万用表已损坏　　　　　　　　　　　B. 万用表电阻挡已损坏,其它挡位正常

C. 万用表的指针不灵活　　　　　　　　D. 电池已旧,需更换新电池

27. 使用万用表电流挡测量电流时,应将万用表串联在被测电路中,即测量时应(　　　)。

A. 断开被测支路,将万用表红、黑表笔串接在被断开的两点之间

B. 被测支路短路,将万用表红、黑表笔串接在被短路的两点之间

C. 电流表直接并联接在被测电路中

D. 以上做法都不正确

28. 三步施焊法有三个步骤:准备、(　　　)和撤离。

A. 加热被焊工件　　　　　　　　　　　B. 加热焊料

C. 同时加热被焊工件和焊料　　　　　　　D. 焊接工件

29. 贴片元件的优点有四点:(1) 提高安装密度;(2) 提高产品性能和可靠性;(3) 有利于自动化生产;(4) (　　　)。

A. 美观漂亮　　　　B. 体积小　　　　C. 抗干扰性强　　　　D. 便于维修和替换

30. 在维修过程中为避免操作不当,扩大故障范围,确保维修人员的人身安全,应注意如下事项(　　　)。

A. 在交流市电和待修设备电源输入端之间加一个1:1的隔离变压器

B. 检修人员应穿绝缘性良好的鞋子

C. 焊接过程中所用的电烙铁等发热工具不能随意摆放,以免发生烫伤或酿成火灾

D. 以上做法都正确

31. 消费者为(　　　)购买、使用商品或者接受服务,其权益受消费者保护法保护。

A. 生产需要　　　　B. 生活消费需要　　　　C. 个人需要　　　　D. 家庭需要

32. 彩色电视机中频放大器的通频带要比黑白电视机(　　　)。

A. 略窄些　　　　B. 相等　　　　C. 略宽些　　　　D. 无法确定

33. 开关型稳压电源输出的是(　　　)。

A. 交流电　　　　B. 直流电　　　　C. 交直流混合　　　　D. 交直流均可

34. 从中频信号检出的图像信号电压一般在1.2 V峰-峰值,用它直接来调制彩色显像管的调制极是不能得到足够对比度的,为了供给显像管足够的信号电压,必须要有(　　　)增益的放大器。

A. 2~25倍　　　　B. 50~100倍　　　　C. 100~1 000倍　　　　D. 1 000~10 000倍

35. 彩色电视机的Y信号放大电路中,发射极电路中接入负反馈电阻时通频带(　　　)。

A. 不变　　　　B. 加宽　　　　C. 变窄　　　　D. 变化不定

36. 在I^2C总线系统中,微处理器决定着信息传送的对象、(　　　)和传送的起止。

A. 方向　　　　B. 数量　　　　C. 数据　　　　D. 方式

37. 多制式彩色电视机显示图像水平或垂直幅度窄,可能是(　　　)发生故障。

A. 伴音电路　　　　B. 电源电路　　　　C. 行场扫描电路　　　　D. 功率驱动放大电路

38. 彩色电视机图像上下翻滚的原因可能是(　　　)。

A. 图像处理电路的场不同步　　　　　　　B. 图像处理电路的行不同步

C. 伴音电路故障　　　　　　　　　　　　D. 电源电路故障

39. 数字彩色电视机有图无声现象常因(　　　)出现故障引起。

A. 伴音低频通道　　　　B. 图像高频通道　　　　C. 图像中频通道　　　　D. 伴音中频通道

40. 根据I^2C总线的连接方式,各个集成电路器件都连接到总线上,每一个总线上的集成电路都设有一个(　　　)。

A. 地址　　　　B. 数据　　　　C. 电容　　　　D. 电感

41. 数字化彩色电视机中,I^2C总线的SDA、SCL中某一线的电压很低或为零,是由于电压很低或为零的那根线存在(　　　)故障。

A. 短路　　　　B. 开路　　　　C. 短路或开路　　　　D. 无法确定

42. 无伴音,图像正常的故障有(　　　)。

A. 喇叭里有交流声,用手握住改锥金属部分敲击天线,喇叭里有明显的喀啦声

B. 喇叭里有交流声,但把声音开到最大时,敲击天线,则喇叭里没有喀啦声或声音很小

C. 喇叭里完全无声

D. 以上说法均正确

43. 电视机中如果把行偏转电流 i_H 和帧偏转电流 i_Z 同时分别输入水平和垂直偏转线圈里,则电子束同时沿(　　)方向和(　　)方向扫描。

A. 垂直　水平　　　B. 水平　垂直　　　C. 水平　水平　　　D. 垂直　垂直

44. 出现故障满屏幕雪花点,不能接收到电视信号时首先怀疑故障出在(　　)上。

A. 调谐器　　　　　B. 喇叭　　　　　　C. 伴音中放　　　　D. 触摸开关

45. 彩电无色故障属于(　　)电路故障。

A. 扫描　　　　　　B. 多制式色解码　　C. 电源　　　　　　D. 中频

46. 数字化电视机在正确传送彩色信号方面,(　　)制式最好。

A. SECAM　　　　　B. NTSC　　　　　　C. PAL　　　　　　D. NTSC 及 PAL

47. 数字化电视机的多制式色解码电路检修时,在判断色度信号分离电路和彩色副载波振荡电路是否正常时,除要考虑(　　)外,还要考虑到制式控制信号是否正确。

A. 自身的各元件　　B. 电源电路　　　　C. RF 电路　　　　D. 中央处理电路

48. (　　)不是彩色电视机中的行扫描电路的主要作用。

A. 供给行偏转线圈线性良好的锯齿波电流

B. 从行输出级和场输出级引出、场电流加给会聚线圈进行会聚校正

C. 让行、场输出电流相互调制以后,再送入偏转线圈进行枕形失真校正

D. 输出列阶跃信号供给行消隐电路、色同步脉冲选通电路作为开关脉冲

49. 数字化电视机出现枕形失真一般定位于(　　)故障。

A. 电源电路　　　　B. 解码电路　　　　C. 接收电路　　　　D. 扫描电路

50. 数字化电视机屏幕上无光,用示波器测量行输出管集电极上的反峰波形,发现波形出现严重变化,幅度变小时,一般为高压整流二极管的反向电阻下降或(　　)。

A. 高压包局部短路　B. 高压包局部开路　C. 低压包局部短路　D. 低压包局部开路

51. 数字化电视机的屏幕中间出现一条水平亮线,证明电子束已打到屏幕上,只是上下拉不开,说明故障出在(　　)系统。

A. 行扫描　　　　　B. 场扫描　　　　　C. 电源　　　　　　D. 振荡电路

52. 画面上在水平方向出现两个以上的相同图像。这种故障一般是由于行振荡级的基极电阻阻值变大或电容的漏电增大使行振荡频率降低到 15 625 Hz 的(　　)以下造成的。

A. 1/2　　　　　　B. 1/3　　　　　　C. 1/4　　　　　　D. 1/5

53. 数字化电视机场扫描电路不仅能完成扫描正常工作,还可以输出(　　)脉冲。

A. 触发　　　　　　B. 稳压　　　　　　C. 枕形校正　　　　D. 输出校正

54. 直流电源由电源变压器、整流电路、(　　)和稳压电路组成。

A. 滤波电路　　　　B. 放大电路　　　　C. 直流稳压器　　　D. 逻辑电路

55. 将交流 220 V 电压变成不同的直流电压的电源电路又被称为(　　)。

A. 高频电源　　　　B. 开关电源　　　　C. 整流电路　　　　D. 线性电源

56. (　　)的作用就是使输出的直流电压在电网电压或负载电流发生变化时仍保持电压稳定。

A. 稳压电路　　　　B. 放大电路　　　　C. 直流稳压器　　　D. 逻辑电路

57. 电源的最大负载是行输出电路。因此,行输出电路如有故障,尤其是短路、过流等,会直接

影响电源的正常工作,甚至会引起电源电路中( )等元器件的损坏。

    A. 开关管   B. 晶体管   C. 直流稳压器   D. 稳压管

58. 当行扫描电路( )时,电源负载会过轻,各路输出电压会升高。

    A. 不工作   B. 重复工作   C. 阶段性工作   D. 正常工作

59. 电视有伴音、无光栅、无图像,说明故障在亮度通道及( )。

    A. 电源电路   B. 显像管电路   C. 行扫描电路   D. 伴音通道

60. 发现底盘"带电"可( ),再用试电笔或万用表检测,确保底盘不能"带电"。

    A. 调换一下电源插头的方向   B. 换一个插座

    C. 拔下插头几分钟后   D. 换一下电源插头

61. ( )可以供给行偏转线圈线性良好的锯齿波电流,在行偏转线圈形成水平扫描磁场,使电子束在荧光屏上能满幅度地扫描。

    A. 逆程扫描电路   B. 平扫描电路   C. 场扫描电路   D. 行扫描电路

62. ( )所需要的时间为行扫描周期。

    A. 电子束在水平方向往返一次   B. 电子束在垂直方向往返一次

    C. 电子束在水平方向往返两次   D. 电子束在垂直方向往返两次

63. 下面不是电视机扫描电路常用检修方法的有( )。

    A. 行激励管和行输出管的发射结电压及集电极直流电压测量法

    B. 行推动空压器初级短路法;行输出变压器次级电压测量法

    C. 行推动管和行输出管的集电极交流 dB 电压测量法;行推动管基极信号注入法

    D. 经过用户同意后,采取的升降温法

64. 荧光屏的发光强弱取决于冲击电子的( ),只要用代表图像的电信号去控制电子束的强弱,再按规定的顺序扫描荧光屏,便能完成由电到光的转换,重现电视图像。

    A. 方向与速度   B. 数量与速度   C. 方向与数量   D. 方向与电压

65. 行扫描周期 T_H 等于行正程时间 T_{HF} 和行逆程时间 T_{HR}( )。行扫描周期的倒数就是行扫描频率 f_H。

    A. 之积   B. 之和   C. 之商   D. 之差

66. 电视标准规定了行逆程系数 α 和帧逆程系数 β 分别为( )。

    A. $\alpha = T_{HR}/T_H = 8\%$;$\beta = T_{ZR}/T_Z = 18\%$ B. $\alpha = T_{HR}/T_H = 18\%$;$\beta = T_{ZR}/T_Z = 18\%$

    C. $\alpha = T_{HR}/T_H = 18\%$;$\beta = T_{ZR}/T_Z = 8\%$ D. $\alpha = T_{HR}/T_H = 8\%$;$\beta = T_{ZR}/T_Z = 8\%$

67. 假定在垂直偏转线圈里通过锯齿形电流,电子束在磁场的作用下将自上而下,再自下而上扫描,形成( )。

    A. 帧扫描的正程和逆程   B. 行扫描逆程

    C. 场扫描逆程   D. 场扫描正程

68. 彩色解码故障可能有( )现象。

    A. 有图像但图像异常   B. 滚屏

    C. 一条亮线   D. 有图无声

69. 在某个特定的时刻对模拟信号进行测量叫做( )。

    A. 采样   B. 抽样   C. 计量   D. 量化

70. 量化后的值与原信号幅值的误差 =( )。

    A. 测量值 − 量化值   B. 量化值 − 测量值   C. 原幅值 − 量化值   D. 量化值 − 原幅值

71. 音频信号解码装置的解码代码串并输出音频信号,包括提取单元,(　　)单元以及播放单元。

    A. 压缩　　　　　　　B. 解码　　　　　　　C. 控制　　　　　　　D. 执行

72. 数字有线电视系统中的数字音频经(　　)送出左、右声道的声音信号。

    A. A/D 变换　　　　　B. D/A 变换　　　　　C. 量化　　　　　　　D. 仿真

73. 视频信号采集系统包括:帧存储器、视放、彩色副载波提取和振荡电路、(　　)、复合同步提取电路、帧同步信号产生电路。

    A. 晶振　　　　　　　B. 时钟信号　　　　　C. 时钟发生器　　　　D. 信号发生器

74. 视频编码器中用于量化扫描的 DCT 系数的量化器包括:存储器、(　　)以及运算控制器。

    A. 运算执行器　　　　B. 存储执行器　　　　C. 存储控制器　　　　D. 控制执行器

75. 视频信号的编码方式包括复合编码和(　　)。

    A. 数字编码　　　　　B. 分量编码　　　　　C. 控制编码　　　　　D. 视频编码

76. 信号经模拟电路变换到图像中频(38 MHz),放大检波后,一路全电视信号送给亮度、(　　)和同步分离电路的数字处理电路。

    A. 热度信号　　　　　B. 清晰度信号　　　　C. 色度信号　　　　　D. 解调信号

77. 由集成电路与分立元件混合组成的电路与全分立元件构成的 VM 电路的最大不同之处是:微分增幅电路包含在小信号处理集成块中,分立元件只构成波形整形与(　　)。

    A. 放大、激励及输出电路　　　　　　　　　B. 放大电路

    C. 输出电路　　　　　　　　　　　　　　　D. 放大与输出电路

78. 喇叭里完全无声。这种情况通常是由于伴音(　　)部分工作电压未加上,喇叭短线或损坏,电路元件有脱掉或内部短线等造成的。

    A. 中放、低放　　　　B. 高放　　　　　　　C. 带通滤波电路　　　D. 全波整流滤波电路

79. 数字化电视机接收电路中视频信号处理电路结构的图像中频为(　　)。

    A. 5 MHz　　　　　　　B. 6.5 MHz　　　　　　C. 12 MHz　　　　　　D. 38 MHz

80. (　　)在不增加带宽的前提下,既能保证有足够的清晰度又避免了闪烁现象。

    A. 行扫描　　　　　　B. 顺序扫描　　　　　C. 场扫描　　　　　　D. 正扫描

81. 亮度信号是由三基色信号按一定比例组合而成。亮度信号 Y 与三基色信号 R、G、B 的关系方程为(　　)。

    A. $Y = 0.11R + 0.59G + 0.30B$　　　　　　B. $Y = 0.30R + 0.59G + 0.11B$

    C. $Y = 0.59R + 0.30G + 0.11B$　　　　　　D. $Y = 0.30R + 0.11G + 0.59B$

82. NTSC 制的解码器主要由亮度通道、色度通道、副载波恢复电路和(　　)所组成。

    A. 门电路　　　　　　B. 矩阵电路　　　　　C. 放大电路　　　　　D. 逻辑电路

83. 目前国际上流行的三大彩色电视制式为 NTSC 制、(　　)制和 SECAM 制。

    A. 正交平衡　　　　　B. PAL　　　　　　　C. PALN　　　　　　　D. PALS

84. 整流电路是利用具有单向导电性能的(　　),把方向和大小都变化的 50 Hz 交流电变换为方向不变但大小仍有脉动的直流电。

    A. 整流元件　　　　　B. 滤波元件　　　　　C. 电阻元件　　　　　D. 电容元件

85. 二极管作为整流元件,要根据不同的负载特性加以选择。如选择不当,则或者(　　),甚至烧了管子;或者大材小用,造成浪费。

    A. 可以安全工作　　　B. 断路　　　　　　　C. 不能安全工作　　　D. 短路

86. 目前的数字摄像机还不能通过电荷耦合器件(CCD)直接把(　　)转变为数字信号,因为

CCD输出的模拟信号很小,必须经过放大后进行模数转换(A/D转换)才能得到数字信号。

    A. 光信号   B. 电信号   C. 模拟信号   D. 数字信号

87. 进行轮廓校正的具体方法有:垂直方向的轮廓校正;水平方向的轮廓校正;斜向线条轮廓校正;(   );肤色孔阑校正。

    A. PFC 校正   B. 暗处轮廓校正   C. 枕轮校正   D. 加减校正

88. 在 SECAM 制中,色度信号的传送采用(   )方式,两个色差信号分别对两个不同频率的副载波进行频率调制,传输中引入的微分相位失真的影响较小。

    A. 调幅   B. 调频   C. 调解   D. 解调

89. PWM 法是把一系列脉冲宽度均相等的脉冲作为 PWM 波形,通过改变脉冲列的周期可以(   )。

    A. 调压   B. 调幅   C. 调相   D. 调频

90. A/D 转换器能够准确输出的数字信号的位数越多,表示 A/D 转换器能够分辨输入信号的能力(   )。

    A. 越差   B. 越弱   C. 越强   D. 越好

91. I^2C 总线是双向、(   )、串行、多主控(multi-master)接口标准,具有总线仲裁机制,非常适合在器件之间进行近距离、非经常性的数据通信。

    A. 双线   B. 三线   C. 单线   D. 两线

92. 视频放大器的带宽补偿方法有前端补偿、后端补偿、(   )。

    A. 频率补偿   B. 中端补偿   C. 终端补偿   D. 前后端混用补偿

93. 图像伴音等单元电路的微电脑控制电源的方式和电源电路结构(   )。

    A. 相同   B. 不同   C. 相似   D. 相反

94. 在彩色电视机中,由于显像管屏幕尺寸和偏转角一般都很大,所以枕形失真比黑白显像管严重得多,因此一般的彩色电视机还要让行、场输出电流相互调制以后,再送入(   )进行枕形失真校正。

    A. 聚焦线圈   B. 循迹线圈   C. 偏转线圈   D. 伺服线圈

95. 场扫描电路的任务是供给帧偏转线圈符合要求的(   )电流。

    A. 矩形波   B. 三角波   C. 锯齿波   D. 方波

96. 数字电视机软件调试的步骤包括进入维修模式、自检模式、项目选择与(   )。

    A. 调整   B. 控制   C. 执行   D. 分析

97. 串口是一个接口名称,简称 COM 口,或者 RS232 接口;一般电脑集成(   ) COM 口;安装一些转接卡口可以增加串口数量。

    A. 1 个   B. 2 个   C. 3 个   D. 4 个

98. 利用电脑或程序拷贝数字电视机的存储数据及程序软件的操作步骤为:利用专有线与电脑连接;电脑开机,数字电视机开机;在电脑上建立新文件夹,以便装入要拷入的文件;进入数字电视中的待拷贝程序软件或者存储数据的路径;选取待拷贝程序软件或者存储数据;点击"拷贝"按钮;进入电脑中建立好的文件夹中,点击(   )即可。

    A. 选择性粘贴   B. 剪切   C. 复制   D. 粘贴

99. 选择数据复制解决方案首先应从业务影响分析入手,来确定所需要的恢复(   )目标(RTO)和恢复点目标(RPO)。

    A. 效率   B. 速度   C. 时间   D. 空间

100. 软件升级方法：① 将对应的软件升级包中"（　　　）"文件夹拷贝到升级 U 盘根目录下；② 在整机开机的状态下，将升级用 U 盘插入 USB1 或 USB2 接口；③ 插入升级 U 盘后，5 s 内整机会自动检测，会显示升级信息提示；④ 升级成功后，整机会自动重启。

　　A. autorun　　　　　　B. reset　　　　　　　C. Target　　　　　　D. my documents

101. 维修模式进入方法：① 同时按住本机按键【VOL－】和【TV/AV】，再按一下本机按键 POW 打开电视机电源；② 屏幕左上角出现 K 字符后，松开第二个键；③ 先按住【VOL－】键再按一下（　　　）键，即可进入工程模式。

　　A.【CH－】　　　　　　B.【CH＋】　　　　　　C.【P＋】　　　　　　D.【P－】

102. 若升级后，（　　　）后发现整机未启动，确认灯不再闪烁，请交流关机再开机。

　　A. 20 min　　　　　　B. 3 min　　　　　　C. 15 min　　　　　　D. 30 min

103. 对数字化电视机，拔出 U 盘、重新插入是在软件升级过程中出现（　　　）故障的处理方法。

　　A. 等待超时　　　　　　B. 重启中　　　　　　C. 升级失败　　　　　　D. 升级超时

104. 电视机与电脑连接的方法：第一，连接硬件；第二，（　　　）；第三，启动电脑；第四，设置显卡。

　　A. 打开电视机　　　　　B. 打开电源　　　　　C. 连接软件　　　　　D. 设置驱动电路

105. 数字化电视机中，数据存储技术的要点是将电视机 FLASH 存储器中存储有程序并且有剩余空间的擦出块单元区域划分为若干个（　　　）并记录下其起始与结束地址。

　　A. 空间　　　　　　B. 存储单元　　　　　　C. 储备空间　　　　　　D. 存储空间

106. 下列选项中（　　　）包含的所有部件都是激光视盘机整机构成的一部分。

　　A. 精密机械、激光头、伺服系统、信号处理系统

　　B. 电源电路、控制系统和显示系统、执行器、输出电路

　　C. 输出电路、电源电路、伺服系统、信号处理系统

　　D. 激光头、执行器、控制器、电源电路

107. 全息式激光头中的激光管、衍射光栅、全息镜片、光敏接收部件是（　　　）。

　　A. 全部封装在一起　　　　　　　　　B. 全部分离

　　C. 激光管和衍射光栅封装在一起　　　D. 部分分离

108. 激光视盘机的伺服系统能使物镜做（　　　）运动以正确扫描信迹。

　　A. 横向　　　　　　B. 径向　　　　　　C. 纵向　　　　　　D. 竖直

109. 控制系统电路是整个视盘机的控制指挥中心，它担负着对整机工作的（　　　）。

　　A. 调节　　　　　　B. 控制　　　　　　C. 协调　　　　　　D. 协调控制

110. 将激光头在碟片上读取的数据解码成视频和音频信号，然后送到音视频输出电路的电路是（　　　）。

　　A. 压缩电路　　　　　B. 分析电路　　　　　C. 解码电路　　　　　D. 输出电路

111. 电源电路的常见故障主要有：全部方式不工作（无显示）、操作正常，多功能显示器不亮、VTR 开关有显示、操作（　　　）。

　　A. 正常　　　　　　B. 失常　　　　　　C. 不灵　　　　　　D. 无显示

112. 在三光束的激光头中，三光束激光头所发射的光束经光栅分裂成三个光束，两侧的称为辅助光束，是专门用来检测（　　　）的。

　　A. 声音信息　　　　　B. 图像信息　　　　　C. 聚焦误差　　　　　D. 循迹误差

113. 数据信号处理电路有保证传送的数据信息与录制前（　　　）的功能。

A. 相似　　　　　B. 不同　　　　　C. 完全一样　　　　D. 完全相反

114. 当光盘转速达到标准后，由光电二极管检测到的电信号，便是与光盘上坑点变化规律相同的（　　）信号。

A. 数字　　　　　B. 模拟　　　　　C. 光　　　　　D. 声音

115. 激光视盘机的光学头安装在（　　）上面，通过螺钉连成一个整体，构成激光头组件。

A. 反光镜　　　　B. 光盘　　　　　C. 激光枪　　　　D. 信号发生器

116. 激光视盘机的激光头性能变差时，就会出现放像停顿、检索时间长、伴有咔咔噪声，甚至不能检索光盘目录或将光盘弹出机器等故障，其原因多为激光头脏污或（　　）。

A. 钝化　　　　　B. 过大　　　　　C. 磨损　　　　　D. 老化

117. VCD 的光盘在旋转过程中有随机偏摆的现象，这样会使激光束的聚焦点偏离光盘上的信息面，造成信息不能正确拾取，（　　）电路可以利用聚焦误差去控制聚焦镜头，使之自动跟踪盘面变化。

A. 激光二极管功率控制　　　　　　B. RF 放大

C. 伺服　　　　　　　　　　　　　D. 开关电源

118. 激光视盘机的 A/V 解码器利用了这样一条心理声学原理：较强的声音信号可以掩蔽临近频段中较弱的信号，滤除这些弱信号将（　　）对音质产生不良影响。

A. 会　　　　　　B. 削弱　　　　　C. 不会　　　　　D. 无所谓

119. 进给伺服电路是驱动电机完成进给运动的控制系统，在播放光盘时，进给电机驱动（　　）做水平运动。

A. 激光头　　　　B. 物镜　　　　　C. 透镜　　　　　D. 目镜

120. 激光视盘机的聚焦、循迹动作失控后有时会出现接通电源后激光头一直向光盘（　　）运动，到位后不停且出现传动打滑现象，这种现象大多为激光头到位开关不良或其控制电路有故障导致的。

A. 外侧　　　　　B. 内侧　　　　　C. 前侧　　　　　D. 后侧

121. 激光视盘机的时钟恢复就是时钟经过编码后传输到了（　　）或是需要光电转换时需要解码恢复。

A. 输入端　　　　B. 输出端　　　　C. 接收端　　　　D. 发散端

122. EFM 解调后的信号要送到子码解码器，解调出（　　）帧号之后的子码，其中 P 码是简单的节目（或乐曲）轨迹分隔标志，主要用于简单的节目搜索方式。

A. 差分信号　　　B. 检测信号　　　C. 异步信号　　　D. 同步信号

123. 激光视盘机的音频（　　）器的作用是将输入解压缩音频串行数据转换成并行数据。

A. 解码　　　　　B. 解调　　　　　C. D/A 变换　　　D. 调谐

124. 激光视盘机的全部方式不工作（无显示）故障多为电源变压器（　　）以前的交流电路有关部件不正常所致。

A. 次级　　　　　B. 后级　　　　　C. 初级　　　　　D. 绕阻

125. （　　）由通用型三端固定集成稳压器、可调式三端集成稳压器组成。

A. 特殊开关电源系统　　　　　　　B. 特殊应急电源系统

C. 特殊电源系统　　　　　　　　　D. 普通电源系统

126. 激光视盘机开机后无任何反应，首先应检查（　　）。

A. 电源电路　　　B. 电压电路　　　C. 电流电路　　　D. 调频电路

127. 激光视盘机的参数调整各项中,以( )这两个参数最为重要。
A. 循迹平衡和聚焦平衡　　　　　　　B. 激光光功率调整和聚焦增益调整
C. 循迹平衡调整和聚焦增益调整　　　D. 聚焦偏置调整和 RF 信号调整

128. 激光视盘机的( )可改变整个循迹伺服系统的增益。
A. 激光光功率调整　B. 聚焦增益调整　　C. 循迹平衡调整　　D. 循迹增益调整

129. 有线电视系统中电视中心对接收到的电视信号进行( )等处理,最后由混合器输出到传输系统,在传输系统中再经放大分支等处理后送入用户终端。
A. 调制、合成　　　B. 编码、合成　　　C. 编码、调制　　　D. 编码、调制、合成

130. 开机后电源指示灯不亮,面板无任何显示为开关稳压电源板故障。出现此故障现象后应先检查保险管是否烧断,如保险管已烧断,说明( )。
A. 电路中有元件短路、过载的故障　　B. 电路中有断路的故障
C. 电路中有元件受损　　　　　　　　D. 电路中运算放大器损坏

131. 开关电源部分主要由( )、整流滤波电路、开关振荡电路、开关变压器、次级整流滤波和稳压电路等部分构成。
A. 交流输入电路　　B. 正弦交流电路　　C. 交流放大电路　　D. 单相交流电路

132. 嵌入式微处理器内部包括( ),系统控制处理器,算术逻辑单元和移位寄存器。
A. 标志寄存器　　　B. 通用寄存器　　　C. 指令寄存器　　　D. 状态寄存器

133. 机顶盒的系统控制电路由( )组成,完成系统控制和数据存储。
A. CPU、只读存储器、数据存储器、指令译码器和总线接口电路
B. CPU、只读存储器、数据存储器、地址译码器和总线接口电路
C. CPU、程序存储器、数据存储器、地址译码器和总线接口电路
D. CPU、程序存储器、数据存储器、指令译码器和总线接口电路

134. 数字机顶盒电源电路的故障主要表现为( )。
A. 开机无反应,全部不动作;开机有指示,但无图像,无伴音
B. 开机无反应,全部不动作;开机有指示,但无图像,无伴音;开机有指示,有字符显示,但无图像,无伴音
C. 开机有指示,但无图像,无伴音;开机有指示,有字符显示,但无图像,无伴音
D. 开机无反应,全部不动作;开机有指示,有字符显示,但无图像,无伴音

135. 一体化调谐解调器的作用是将传输过来的调制数字信号解调还原成( )。
A. 传输流　　　　　B. 传输信号　　　　C. 模拟信号　　　　D. 数字信号

136. 干线放大器用来补偿干线上的( ),把输入的有线电视信号调整到合适的大小输出。
A. 功率损耗　　　　B. 回波损耗　　　　C. 传输损耗　　　　D. 涡流损耗

137. 视频解码器可将 8 位或 16 位 YCrCb 视频流编码产生( )、S 视频或 RGB 视频信号,支持 PAL、NTSC 和 SECAM 制式。
A. 复合视频　　　　B. 音频　　　　　　C. 模拟信号　　　　D. 数字高频信号

138. 变换器的组成包括串行输入音频数据接口、具有功能控制的 8 倍过采样数字滤波器、多电平调制器、( )、模拟低通滤波器、模式控制单元、可编程锁相环(PLL)系统等。
A. 功率变换器　　　B. 直流变换器　　　C. 阻抗变换器　　　D. D/A 变换器

139. 视频解码器由解码器、输出接口、RGB 处理器、D/A 转换器和( )等部分组成。
A. 数据控制单元　　B. 存储器　　　　　C. 触发器　　　　　D. 地址控制单元

140. 进入主菜单后，按遥控器上的【CH+】键和【CH−】键选择"节目管理"，并按【V+】键或【V−】键进入节目管理菜单，在这里可以选择电视（　　　），广播节目管理，视讯节目管理和预定节目管理 4 个节目管理项目选项。

    A. 节目表　　　　　　　B. 节目管理　　　　　　C. 节目设置　　　　　　D. 节目菜单

141. 系统设置菜单包括：频道搜索、（　　　）、系统管理、CA 信息。

    A. 菜单管理　　　　　　B. 参数设置　　　　　　C. 系统设置　　　　　　D. 节目信息

142. 智能卡有一个内置的（　　　）和一个与数字机顶盒通信的接口。

    A. CPU　　　　　　　　B. 主芯片　　　　　　　C. 操作面板　　　　　　D. 处理器

143. 编写初级培训讲义时要遵循（　　　）。

    A.《家用电子产品维修工职业技能标准》　　B. 越简单越好原则

    C. 理论性原则　　　　　　　　　　　　　　D. 知识性原则

144. 讲授家用电子产品维修的基础理论知识时，要注意（　　　）。

    A. 越简单越好　　　　　　　　　　　　　　B. 理论与实践相结合

    C. 涵盖高级部分的要求　　　　　　　　　　D. 涵盖中级部分的要求

145. 关于职业教育的基础知识，以下说法不正确的是（　　　）。

    A. 职业道德是从事一定职业的人们在其职业活动中所应遵循的、具有本职业特征的道德准则和规范的总和。

    B. "爱岗敬业、诚实守信、办事公道、服务群众、奉献青春"是全社会所有行业都应当遵守的一般性的职业道德准则。

    C. 职业道德是从业者在为他人提供产品、服务或其他形式的社会劳动时才发生的，是对从业者在赋予一定职能并许诺一定报酬的同时所提出的责任要求。

    D. 职业道德修养是一个长期的艰巨的自我教育、自我磨炼、自我改造和自我完善的过程。

146. 讲授家用电子产品维修的基础理论知识时，要使用（　　　）方法。

    A. 满堂灌　　　　　　　B. 填鸭式　　　　　　　C. 理论结合实践　　　D. 注入式教学

147. 编写中级培训讲义时要（　　　）。

    A. 越简单越好　　　　　　　　　　　　　　B. 理论与实践相结合

    C. 涵盖高级部分的要求　　　　　　　　　　D. 涵盖技师部分的要求

148. 讲授家用电子产品的维修技能时，（　　　）。

    A. 不要联系具体电路　　　　　　　　　　　B. 要理论联系实际

    C. 只是纯理论讲解　　　　　　　　　　　　D. 只是纯实践性讲述

149. 传授初级家用电子产品维修工的维修技能时，下列说法正确的是（　　　）。

    A. 注重基本电子元器件性能　　　　　　　　B. 注重中规模集成电路设计方法

    C. 注重大规模集成电路设计方法　　　　　　D. 注重超大规模集成电路设计方法

150. 传授中级家用电子产品维修工的维修技能时，要使用（　　　）方法。

    A. 满堂灌　　　　　　　B. 填鸭式　　　　　　　C. 理论结合实践　　　D. 注入式教学

151. 关于操作技能指导的目的，下列说法不正确的是（　　　）。

    A. 提高运用电子专业理论知识进行操作的能力

    B. 加强对将理论知识运用于实践的能力的培养

    C. 切实提高实践操作能力

    D. 显示掌握技能的高低

152. 传授家用电子产品维修工的维修技能时,要使用(　　)方法。

　　A. 满堂灌　　　　B. 填鸭式　　　　C. 理论结合实践　　D. 注入式教学

153. 电视机的总线(BUS)是(　　)与各部分电路之间的信息传输通道。

　　A. 微处理器　　　B. 存储器　　　　C. 寄存器　　　　D. 触发器

154. 数字化彩色电视机呈现单色光栅,故障原因可能是(　　)。

　　A. 高频接收模块故障　　　　　　　B. 电源电路损坏

　　C. 末级视放电路损坏　　　　　　　D. 行扫描电路故障

155. I^2C 总线以 SDA 和 SCL 构成的串行线实现全双工同步数据的传送,最高传送速率可达(　　)。

　　A. 100 Mbit/s　　B. 100 kbit/s　　C. 10 kbit/s　　　D. 1 kbit/s

156. 所谓(　　),是增强图像中的细节成分,使图像显得更清晰,更加透明。

　　A. 轮廓测试　　　B. 图像测试　　　C. 图像校正　　　D. 轮廓校正

157. 由于聚焦伺服控制的跟踪范围有限,实际中视盘机在开机工作时应让伺服电机(　　)。

　　A. 不立即工作　　B. 立即工作　　　C. 不工作　　　　D. 待机 30 min

158. (　　)电路有由 EFM 信号产生位时钟 BCLK 信号,作为信号处理的基准信号的功能。

　　A. 数据信号处理　B. 激光头　　　　C. RF　　　　　　D. 扫描

159. 激光视盘机检修时,AM 检测法是以凹坑信号取样,从取样信号中获得(　　)。

　　A. 逻辑信号　　　B. 误差信号　　　C. 聚焦信号　　　D. 循迹信号

160. 循迹平衡调整是激光视盘机的(　　)所特有的调整参数。

　　A. 单束光系统　　B. 双束光系统　　C. 三束光系统　　D. 多束光系统

得　分	
评分人	

二、多项选择题(第 161～170 题,每题 1 分,共 10 分)

161. 为使光盘的信号面始终落在激光束的聚焦范围之内,上下移动的部件有(　　),使激光束总是聚焦于光盘的凹坑纹迹上。

　　A. 物镜　　　　　B. 激光头　　　　C. 光盘　　　　　D. 准直透镜

　　E. 信号处理系统

162. 为使激光束准确地循迹,读出光盘上的全部信息,需要有所动作的有(　　)。

　　A. 物镜　　　　　B. 目镜　　　　　C. 激光头　　　　D. 精密机械

　　E. 激光头组件

163. 来自数字处理电路 CXD2500 的(　　),被分别送至 IC1 的 ⑫、⑬ 和 ⑮ 脚及滤波器,经 IC1 处理后由 ㊹ 脚输出主导轴电机的伺服信号 SPDRO。

　　A. 主导轴转换误差信号　　　　　　B. SMON 信号

　　C. 主导轴电机输出信号　　　　　　D. 主导轴电机伺服相位误差信号

　　E. 主导轴电机伺服输出滤波器开关控制信号

164. 关于激光视盘机的伺服系统,说法正确的是(　　)。

　　A. 该系统的任务是确保激光头良好聚焦,循迹、径向滑行和主导轴 CLV 伺服控制良好运行

B. 它主要包括聚焦伺服、循迹伺服、进给伺服和主导轴伺服等几个电路

C. 每个伺服电路又包括伺服误差信号产生、驱动放大等单元电路

D. 由诸单元电路组成完整的伺服系统后,它成为激光视盘机内极为重要的辅助控制系统

E. 伺服系统的故障并不是激光视盘机的主要故障

165. 交流 220 V 经变压器降压后,输出交流(　　　)电压。

A. 22 V　　　　B. 7.8 V　　　　C. 10 V　　　　D. 3.5 V

E. 16 V

166. (　　　)组成了光的相干性。

A. 季节相干性　　B. 地点相干性　　C. 天气相干性　　D. 空间相干性

E. 时间相干性

167. 物镜机构十分复杂、精密,通常采用的有(　　　)。

A. 轴向滑动型　　B. 四线型　　C. 模压铰链型　　D. 直线型

E. 三线型

168. 四线型物镜机构的结构中,为使物镜沿二维方向平行移动,应该沿(　　　)驱动线圈骨架。

A. 循环方向　　B. 逻辑方向　　C. 循迹方向　　D. 聚焦方向

E. 伺服方向

169. 激光头性能变差时,就会出现放像停顿、检索时间长、伴有咔咔噪声、甚至不能检索光盘目录或将光盘弹出机器等故障,其原因多为(　　　)。

A. 激光头老化　　B. 激光头钝化　　C. 激光头脏污　　D. 激光头磨损

E. 激光头过大

170. 下列哪些现象是由于激光头性能变差引起的(　　　)。

A. 激光头停止工作　　　　　　B. 激光头物镜机构位置失常

C. 激光头径向移动不畅　　　　D. 激光头物镜位置失常

E. 激光头打碟

得　分	
评分人	

三、判断题(第 171～190 题,每题 0.5 分,共 10 分)

(　　) 171. 《公民道德建设实施纲要》第十六条规定,"爱岗敬业、诚实守信、办事公道、服务群众、奉献社会"是全社会所有行业都应当遵守的公共性的职业道德准则。

(　　) 172. 数字化电视机在软件升级过程中出现等待超时故障时处理的方法是拔出 U 盘,重新插入。

(　　) 173. 在光功率下降时,可通过调整包括 APC 在内的电位器,降低激光输出光功率。

(　　) 174. 循迹伺服调节机构与聚焦调节机构相同,也是依靠循迹线圈中电流的大小和方向来调节物镜的水平位移量和方向的。

(　　) 175. 循迹伺服是使物镜跟踪纹迹中心并补偿光盘的偏心,光束在光盘上的调节范围不大于 1 mm 即可。

(　　) 176. 循迹平衡调整是激光视盘机的三束光系统所特有的参数调整。

（ ） 177. 数字机顶盒主要由主电路板、操作显示面板和电源电路板等构成。

（ ） 178. 操作显示面板主要是由数码显示器、操作显示接口电路、调制解调器以及遥控接收电路等组成。

（ ） 179. 电源电路的主要作用是为整机提供工作电压和电流。

（ ） 180. 有线电视系统是由前端、自动播出系统和用户分配三大部分组成。

（ ） 181. 前端部分应用的设备主要有高频放大器、解调器、调制器、混合器等。

（ ） 182. 干线传输部分是一个传输网，主要是把前端接收、处理、混合后的电视信号传到用户分配部分的一系列传输设备。

（ ） 183. 用户分配部分应用的设备主要有分支器、分配放大器、同轴电缆、用户终端等。

（ ） 184. 上、下信道频谱有 4 个频段，分别是：下行信道，传送模拟电视信道，传输数字电视信道和上行信道。

（ ） 185. 传输系统的作用是将前端部分输出的各种信号不失真地、稳定地传输给用户分配部分。

（ ） 186. 常见数字机顶盒的故障主要有：开关稳压电源板故障，主板硬件故障，主板软件故障和音、视频输出电路故障。

（ ） 187. 机顶盒操作显示面板通常由键盘矩阵及扫描电路、显示电路、红外遥控接收器等组成。用户通过操作面板按键或遥控器为存储器输入人工指令，完成设置功能。

（ ） 188. 视频解码器将 MPEG-2 解码器输出的视频数据流按一定电视制式解码，经 D/A 变换变成模拟图像信号和模拟音频信号，供电视机接收。

（ ） 189. 机顶盒解码电路故障的检修操作步骤是：故障分析；如果发现元件损坏，更换；对故障可能出现点进行电气检测；开机试播。

（ ） 190. 机顶盒数据流解码解复用电路完成 MPEG-2 数据流解码和分离，分解出视频、音频、同步控制及其他数字信号。MPEG-2 A/V 解码器完成视音频信号的解压缩、解码，还原出完整的图像及伴音数字信号。

家用电子产品维修工（高级）理论知识试卷答案

一、单项选择题

1. C	2. D	3. A	4. C	5. A	6. D	7. D	8. A	9. C	10. D
11. B	12. A	13. A	14. C	15. A	16. A	17. A	18. B	19. A	20. A
21. A	22. A	23. B	24. B	25. D	26. D	27. A	28. C	29. D	30. D
31. B	32. C	33. B	34. B	35. B	36. B	37. C	38. A	39. B	40. A
41. A	42. D	43. B	44. A	45. B	46. A	47. B	48. D	49. B	50. A
51. B	52. A	53. C	54. B	55. C	56. B	57. B	58. B	59. B	60. B
61. D	62. A	63. D	64. B	65. B	66. C	67. B	68. B	69. A	70. B
71. B	72. B	73. C	74. C	75. B	76. C	77. A	78. B	79. B	80. C
81. B	82. B	83. B	84. B	85. B	86. B	87. B	88. B	89. B	90. C
91. D	92. D	93. B	94. C	95. C	96. A	97. A	98. D	99. C	100. C

101. A 102. B 103. A 104. A 105. B 106. A 107. A 108. B 109. D 110. C
111. C 112. D 113. C 114. A 115. C 116. D 117. C 118. C 119. A 120. B
121. C 122. D 123. C 124. C 125. D 126. A 127. A 128. D 129. D 130. A
131. A 132. B 133. C 134. B 135. A 136. C 137. A 138. D 139. A 140. B
141. B 142. D 143. A 144. B 145. B 146. C 147. B 148. B 149. A 150. C
151. D 152. C 153. A 154. C 155. B 156. D 157. A 158. A 159. D 160. C

二、多项选择题

161. AC　　　162. AE　　　163. ABDE　　　164. ABCD　　　165. ABCDE
166. DE　　　167. ABC　　　168. CD　　　169. AC　　　170. BCDE

三、判断题

171. √　172. √　173. ×　174. √　175. ×　176. √　177. √　178. ×　179. √　180. ×
181. √　182. √　183. √　184. √　185. √　186. √　187. ×　188. √　189. ×　190. √

操作技能

第一章　考情观察

➔ 考核思路

　　根据《家用电子产品维修工国家职业技能标准》的要求,高级家用电子产品维修工的操作技能具体需要达到以下要求:

　　能根据多制式、多功能数字化电视机的故障现象进行故障分析和定位,能对总线控制(I^2C)电路故障进行检修,能对多制式数字化电视机接收电路的故障进行检修,能对多制式、数字化电视机解码电路的故障进行检修,能对扫描系统的故障进行检修,能对电源电路的故障进行检修,能对电视隔行扫描、逐行扫描、倍频等电路的故障进行检修;能对数字化电视机进行软件调整,能对数字化电视机的存储数据及程序软件进行拷贝;能根据视盘机的故障现象进行故障分析和定位,能对激光头组件的故障进行检修,能对数字信号处理电路的故障进行检修,能对伺服系统的故障进行检修,能对控制系统的故障进行检修,能对音频和视频解码电路、输出电路的故障进行检修,能对电源电路的故障进行检修;能对装载系统进行调试,能对激光头的进给系统进行调试,能对激光功率进行调试;能根据数字机顶盒故障现象进行故障分析和定位,能对数字机顶盒解码电路的故障进行检修,能对数字机顶盒电源电路的故障进行检修;能对数字机顶盒各种功能菜单进行调整,能对数字机顶盒进行软件升级;能编写培训讲义,能讲授家用电子产品维修的基础理论知识;能传授初级、中级家用电子产品维修工的维修技能。

　　根据以上具体要求,操作技能考核包括多功能数字化电视机维修和调试、激光视盘机的维修和调试、数字机顶盒的维修和调试及培训指导四个方面。

➔ 组卷方式

　　家用电子产品维修工(高级)操作技能考核试卷的生成方式为计算机自动生成试卷,即计算机按照家用电子产品维修工(高级)《操作技能考核内容层次结构表》和《操作技能鉴定要素细目表》的结构特征,使用统一的组卷模型,从题库中随机抽取相应试题,组成试卷。试卷生成后应请专家审核无误才能确定。

➡ 试卷结构

职业技能鉴定国家题库操作技能试卷一般由以下三部分内容构成：

（1）操作技能考核准备通知单，分为考场准备通知单和考生准备通知单，在考核前分别发给考核实施单位和考生。内容为考核所需场地、设备、材料、工具及其他准备要求。

（2）操作技能考核试卷正文，内容为操作技能考核试题，包括试题名称、试题分值、考核时间、考核形式、具体考核要求等。

（3）操作技能考核评分记录表，内容为操作技能考核试题配分与评分标准，用于考评员评分记录。主要包括各项考核内容、考核要点、配分与评分标准、否定项及说明、考核分数加权汇总方法等，必要时包括总分表，即记录考生本次操作技能考核所有试题成绩的汇总表。

➡ 考核时间与要求

（1）考核时间。按《家用电子产品维修工国家职业技能标准》的要求，本职业高级操作技能考核时间为 130 min。

（2）考核要求。① 按试卷中具体考核要求进行操作；② 考生在操作技能考核过程中要遵守考场纪律，严格执行操作规程，防止出现人身和设备安全事故。

第二章 考核结构与鉴定要素表

考核内容结构表

家用电子产品维修工考核内容结构表是家用电子产品维修工操作技能题库的主体与基本框架,它是在深入分析了家用电子产品维修工职业特点的基础上,按照技能题库理论知识点,结合职业技能鉴定工作的要求开发设计的,它充分体现了试题库的总体结构及设计思路。

家用电子产品维修工考核内容结构表的模块化结构形式既可以保证考核内容的完整性、统一性,又能够满足各技术等级之间在考核内容和考核形式上的不同要求,同时它又是组成试卷的重要依据。考核试卷中试题的类型、数量、鉴定范围、鉴定比重、考核时间和考核形式在考核内容层次结构表中都作了明确的规定。

本结构表根据《家用电子产品维修工国家职业技能标准》的要求,将家用电子产品维修工(高级)的全部考核内容划分为"设备维修"、"仪器仪表使用"和"绘图"3个一级模块,5个二级模块,并在一级模块下标有鉴定比重、考核时间和考核形式,考核时需按结构表要求组成考核试卷。

家用电子产品维修工(高级)操作技能考核内容结构表见表2-2-1。

表2-2-1 家用电子产品维修工(高级)操作技能考核内容结构表

鉴定范围 \ 鉴定要求		鉴定比重/%	考核时间/min	抽题方式	考核形式
设备维修	维修电视机	70	90	抽考	填表题1道加实际操作
	维修激光视盘机				
	维修数字机顶盒				
仪器仪表使用	数字示波器、数字频率计的使用	15	20	必考	填表题2道加实际操作
绘 图	根据实物绘制电原理图	15	20	必考	绘图题1道

注:维修报告为表格形式,得分结合实际维修操作的结果给分。

鉴定要素细目表

鉴定要素细目表是试题库总体结构和考核内容层次结构表的具体表现形式,该表按照技术等级分别列出,共分为两级模块。二级模块下的"鉴定点"即为技能考核试题的考核内容。

家用电子产品维修工(高级)操作技能鉴定要素细目表见表2-2-2。

表2-2-2 家用电子产品维修工(高级)操作技能鉴定要素细目表

鉴定范围(一级)		鉴定范围(二级)			鉴定点	
代码	名 称	代码	名 称	鉴定比重	代码	名 称
A	设备维修	A	维修电视机	70%	001	维修电视机

鉴定范围（一级）		鉴定范围（二级）			鉴 定 点	
代码	名　称	代码	名　称	鉴定比重	代码	名　称
A	设备维修	B	维修激光视盘机	70%	001	维修激光视盘机
		C	维修数字机顶盒		001	维修数字机顶盒
B	仪器仪表使用	A	数字示波器、数字频率计的使用	15%	001	数字示波器、数字频率计的使用
C	绘图	A	根据实物绘制电原理图	15%	001	根据实物绘制电原理图

第三章　模拟试卷

职业技能鉴定国家题库
家用电子产品维修工（高级）操作技能考核准备通知单（考场）

试题一

设备及仪器仪表准备。

序号	名　称	规　格	单位	数量	备　注
1	工作台		张	15	
2	高清彩色电视机（待维修）		台	15	
3	焊　锡	1 mm	kg	1	
4	松　香		盒	15	
5	镊　子		把	15	
6	一字旋具		把	15	
7	十字旋具		把	15	
8	万用表		块	15	

说明：(1) 在实施考核时，考场还应准备与本试题有关的其他常用工具。

(2) 在待维修设备上设置两个故障。

试题二

设备及仪器仪表准备。

序号	名　称	规　格	单位	数量	备　注
1	实验台		张	15	
2	彩色电视信号发生器		个	15	
3	数字示波器		台	15	
4	数字频率计		台	15	
5	维修设备		台	15	

说明：(1) 在实施考核时，考场还应准备与本试题有关的其他常用工具。

(2) 由监考老师在维修好的设备上现场指定两个测试波形及频率。

试题三

设备及仪器仪表准备。

序号	名　称	规　格	单位	数量	备　注
1	实验台		张	15	

序号	名　称	规　格	单位	数量	备　注
2	维修设备		台	15	

说明:(1)在实施考核时,考场还应准备与本试题有关的其他常用工具。

　　　(2)由监考老师在维修设备上现场指定绘制部位。

职业技能鉴定国家题库

家用电子产品维修工(高级)操作技能考核准备通知单(考生)

试题一

工具及其他:电烙铁及常用工具。

试题二

由考场准备。

试题三

由考场准备。

职业技能鉴定国家题库

家用电子产品维修工(高级)操作技能考核试卷

注意事项

1. 本试卷依据2009年颁布的《家用电子产品维修工国家职业技能标准》命制。

2. 请根据试题考核要求,完成考核内容。

3. 请服从考评人员指挥,保证考核安全顺利进行。

试题一　维修高清电视机水平亮线故障及无图像故障

(1)本题分值:70分。

(2)考核时间:90 min。

(3)考核形式:实操。

(4)具体考核要求:根据设备的实际故障现象,排除高清电视机水平亮线故障及无图像故障。

(5)否定项说明:若考生发生下列情况之一,则应及时终止其考试,考生该试题成绩记为零分。

① 损坏仪器仪表,使考核不能继续进行。

② 操作不当造成待修设备出现其他故障。

③ 在操作过程中出现严重人身安全隐患。

第一部分　电视机维修
检修报告

机　　型		编　号	
故障现象（一）			
故障范围			
检测方法及数据			
排除方法			
故　障　点			
安全操作			
故障现象（二）			
故障范围			
检测方法及数据			
排除方法			
故　障　点			
安全操作			

试题二　用示波器测信号波形、用频率计测信号频率

（1）本题分值：15分。

（2）考核时间：20 min。

（3）考核形式：实操。

（4）具体考核要求：在考核中由监考老师根据维修设备情况现场指定考生测试相关点的波形及频率。

（5）否定项说明：若考生发生下列情况之一，则应及时终止其考试，考生该试题成绩记为零分。

① 损坏数字示波器。

② 损坏数字频率计。

第二部分　仪器仪表使用
测量结果报告

（1）用彩色电视机信号发生器和示波器测电路信号波形（标出周期和峰值电压）

测试项目			
测试点			
实测波形			

（2）用数字频率计测电路信号频率。

测试项目			
实测数据			

试题三　绘制电原理图

（1）本题分值：15 分。

（2）考核时间：20 min。

（3）考核形式：实操。

（4）具体考核要求：在考核中由监考老师根据维修设备情况现场指定考生绘制相应部位的电原理图。

（5）否定项说明：无。

第三部分　绘图

绘出设备电源电路原理图

职业技能鉴定国家题库

家用电子产品维修工（高级）操作技能考核评分记录表

总成绩表

序号	试题名称	配分	得分	权重	最后得分	备　注
1	维修高清电视机水平亮线故障及无图像故障	70				
2	用示波器测信号波形、用频率计测信号频率	15				
3	绘制电原理图	15				
合　　计		100				

统分人：　　　　　　　　　　　　　　　年　　　月　　　日

试题一 维修高清电视机水平亮线故障及无图像故障

序号	考核内容	考核要点	配分	评分标准	扣分	得分
1	故障现象	根据设备实际情况写出故障现象	10	① 故障现象不正确,每个扣5分,扣完为止; ② 故障现象不准确,每个酌情扣1～3分		
2	故障范围	根据设备实际故障现象写出故障的范围	10	① 故障范围不正确,每个扣5分,扣完为止; ② 故障范围不全面,每个酌情扣1～3分		
3	检测方法及数据	根据确定的故障范围,写出检测的方法、步骤及相关数据	40	① 检测方法不准确,每个扣5分; ② 步骤不合理,每个扣5分; ③ 数据不正确,每个扣5分; ④ 逻辑关系不明确,每个扣5分		
4	排除方法	根据检修的过程,写出排除方法	6	排除方法不正确,每个扣3分,扣完为止		
5	故障点	根据检修结果,写出具体故障点	4	故障点不正确,每个扣2分,扣完为止		
6	安全文明	安全文明操作		采用倒扣分: ① 损坏元器件,每只扣5分; ② 考试结束后不整理工作台,扣5分		
合　　　计			70			

否定项:若考生发生下列情况之一,则应及时终止其考试,考生该试题成绩记为零分。
① 损坏仪器仪表,使考试不能继续进行。
② 操作不当造成待修设备出现其他故障。
③ 在操作过程中出现严重人身安全隐患

评分人:　　　　年　　月　　日　　　　　　核分人:　　　　年　　月　　日

试题二 用示波器测信号波形、用频率计测信号频率

序号	考核内容	考核要点	配分	评分标准	扣分	得分
1	数字示波器操作	根据要求测量电路的周期及幅值	8	① 连线不正确扣2分; ② 选择的挡位和量程不正确扣2分; ③ 波形不正确扣2分; ④ 读数不正确扣2分		
2	数字频率计操作	根据要求测量信号的频率	7	① 连线不正确扣3分; ② 选择的挡位和量程不正确扣2分; ③ 读数不正确扣2分		
合　　　计			15			

否定项:若考生发生下列情况之一,则应及时终止其考试,考生该试题成绩记为零分。
① 损坏数字示波器。② 损坏数字频率计

评分人:　　　　年　　月　　日　　　　　　核分人:　　　　年　　月　　日

试题三　绘制电原理图

序号	考核内容	考核要点	配分	评分标准	扣分	得分
1	绘图	根据实物绘制原理图	15	① 连线关系绘制正确,但原理图不规范,每处扣2分,扣完6分为止; ② 连线及元器件错5处(不包括5处)以上此项不得分		
	合　　计		15			

评分人：　　　　年　　月　　日　　　　　　核分人：　　　　年　　月　　日

参 考 文 献

1　孙景琪,孙京.数字视频技术及应用 [M].北京:北京工业大学出版社,2006.
2　何丽梅,黄永定,施德江.彩色电视机技术及维修实训 [M].北京:机械工业出版社,2008.
3　韩广兴.图解 VCD/DVD 机原理与维修 [M].北京:人民邮电出版社,2006.
4　聂采吉.DVD 视盘机精讲精修 [M].成都:电子科技大学出版社,2006.
5　何文霖.新科 VCD 视盘机原理与维修 [M].成都:四川科学技术出版社,1999.
6　韩雪涛.图解机顶盒维修快速入门 [M].北京:人民邮电出版社,2009.